职业院校智能制造专业"十三五"系列教材

快速制造（3D打印）项目应用

主　编　陈吉祥　王基维
副主编　刘明俊　肖海兵
参　编　陆军华　肖方敏　徐　磊　王铁军

机械工业出版社

本书是职业院校智能制造专业"十三五"系列教材之一，全书共9章：1~3章主要介绍3D打印技术的概况、原理、工艺类型以及打印模型的建模和切片处理等；4~7章则是以典型成形工艺FDM、SLA、SLS、SLM为代表，通过实际案例详细介绍了3D打印的操作流程，每个案例都由案例描述、成形工艺解析、成形设备简介、数据处理、快速成形等部分组成；8、9章则是3D打印的应用技巧和产品设计应用案例。针对教学的需要，杭州中测科技有限公司为本书配套提供了全新的教学资源，同时还配套提供了教学软件，用以提高教学效率、强化教学效果。

本书可作为职业院校和应用型本科3D打印技术课程的教材，也可作为3D打印技能培训的教材和相关工程技术人员的自学用书。

图书在版编目（CIP）数据

快速制造（3D打印）项目应用/陈吉祥，王基维主编. —北京：机械工业出版社，2020.11（2024.1重印）

职业院校智能制造专业"十三五"系列教材

ISBN 978-7-111-67170-1

Ⅰ.①快… Ⅱ.①陈…②王… Ⅲ.①立体印刷-印刷术-高等职业教育-教材 Ⅳ.①TS853

中国版本图书馆CIP数据核字（2020）第268658号

机械工业出版社（北京市百万庄大街22号　邮政编码100037）

策划编辑：王振国　责任编辑：王振国

责任校对：张　薇　封面设计：陈　沛

责任印制：单爱军

北京虎彩文化传播有限公司印刷

2024年1月第1版第4次印刷

184mm×260mm·9.5印张·229千字

标准书号：ISBN 978-7-111-67170-1

定价：39.80元

电话服务　　　　　　　　网络服务

客服电话：010-88361066　　机 工 官 网：www.cmpbook.com

　　　　　010-88379833　　机 工 官 博：weibo.com/cmp1952

　　　　　010-68326294　　金 书 网：www.golden-book.com

封底无防伪标均为盗版　　机工教育服务网：www.cmpedu.com

前　言

PREFACE

PREFACE

3D 打印技术起源于 20 世纪 80 年代出现的快速原型制造技术,是以 3D 模型文件为基础,运用可黏结材料,通过逐层堆叠累积的方式构造与模型一致的物理实体的技术。3D 打印技术是新兴的增材制造技术,体现了计算机技术与先进材料技术、数字化制造技术的密切结合,是先进制造业的重要组成部分,可以极大地提升各领域的工作效率,被认为是近年来世界制造技术领域的一次重大突破。3D 打印涉及的技术包括 CAD 建模、测量技术、接口软件技术、数控技术、精密机械、激光和材料等。

3D 打印技术及产品已经在航空航天、汽车、生物医疗、文化创意等领域得到了初步应用,涌现出了一批具备一定竞争力的骨干企业。为更好更快地推进增材制造产业的健康有序发展,国务院制定了《国家增材制造产业发展推进计划(2015—2016 年)》,要求大力推进应用示范,明确指出要组织实施学校增材制造技术普及工程,要在学校配置增材制造设备及教学软件,开设增材制造知识的教育培训课程,支持在有条件的高校设立增材制造课程、学科或专业。

本书关注 3D 打印技术的前沿进展,围绕新技术、新工艺、新设备,选取 3D 打印的典型成形工艺技术,引入工程实际的项目案例,以层层递进的形式,讲解了 3D 打印的各个流程,在内容选取上力求能够反映行业最新动态和最新技术的实际应用。

本书由企业技术人员、工程师、培训师和一线教师共同编写。企业工程师在大量工程项目中积累了丰富的实践经验,企业培训师和学校一线教师具有丰富的教学经验,所以本书中选取的项目案例充分反映了 3D 打印技术的现状,内容符合学生的认知规律,便于学生理解和掌握。本书提供配套数字化资源,包括案例操作的数据文件和视频文件等,以便读者通过实践操作掌握 3D 打印技术。

本书由深圳信息职业技术学院陈吉祥、王基维主编,深圳信息职业技术学院刘明俊、肖海兵为副主编,杭州中测科技有限公司陆军华和肖方敏、南京机电职业技术学院徐磊、余姚市职业技术学校王铁军参加编写。此外,在本书编写过程中,获得了杭州中测科技有限公司、杭州浙大旭日科技开发有限公司的帮助,在此一并表示衷心的感谢!

由于时间仓促和编者水平有限,书中不足之处在所难免,恳请广大读者及专业人士提出宝贵意见与建议,以便今后不断加以完善。

编　者

目 录

CONTENTS

第 **1** 章

Chapter

3D打印技术

1.1 3D 打印技术概述

3D 打印技术（3D Printing Technology）起源于 20 世纪 80 年代出现的快速原型制造技术（Rapid Prototyping Manufacturing），是依据计算机 3D 建模，以数字模型文件为基础，通过软件和数控系统，将特制材料以逐层堆积、叠加成形的方式构造物体的技术。3D 打印（见图 1-1）是一种全新的制造方式，被认为是近年来世界制造技术领域的一次重大突破。3D 打印涉及的技术包括 CAD（计算机辅助设计）建模、测量技术、接口软件技术、数控技术、精密机械、激光和材料等。

图 1-1　3D 打印

2012 年，英国著名财经杂志《经济学人》（*The Economist*）发表专题报告（见图 1-2）指出，全球工业正在经历第三次工业革命，以 3D 打印为代表的数字化制造技术被认为是引发第三次工业革命的关键因素。自第一台 3D 打印机问世以来，3D 打印技术正逐渐融入设计、研发以及生产的各个环节，高度融合材料科学、制造工艺与信息技术等并不断创新。3D 打印技术在各个领域都取得了广泛的应用，如消费电子产品、汽车、航空航天、医疗、军工、地理信息和艺术设计等。

图 1-2　《经济学人》杂志关于第三次工业革命的报道

要了解 3D 打印技术，就要先了解目前的生产制造方式。传统的生产制造方式是等材制造和减材制造。

1）等材制造：采用铸造（见图 1-3）、锻造、压铸等技术对材料进行加工，制造过程中基本上不改变材料的量，或者改变很少。

图 1-3　铸造加工

2）减材制造：采用车削（见图1-4）、铣削、磨削等工艺，对毛坯材料进行切削加工，最终形成所需要形状的零件。

图1-4　车削加工

3D打印技术属于增材制造技术，是由数字模型直接驱动，使用金属、塑料、陶瓷、树脂、蜡、纸和砂等可黏结材料，在3D打印机上按照程序计算的运行轨迹，以材料逐层堆积、叠加成形的方式来构造出与数据描述一致的物理实体的技术，如图1-5所示。

3D打印设备与传统打印机较为类似，都由控制组件、机械组件、打印头、耗材和介质等组成。从用户体验而言，3D打印与普通打印极为相似，正是如此，快速成形技术才会被形象地称为3D打印。

3D打印需要依托多个学科（领域）的尖端技术，至少包括以下方面：

（1）信息技术　要有先进的设计软件及数字化工具，辅助设计人员制作出产品的3D数字模型，并且根据模型自动分析出打印的工序，自动控制打印器材的走向。

（2）精密机械　3D打印以逐层叠加为加工方式，要生产出高精度的产品，必须对打印设备的精准程度、稳定性有较高的要求。

（3）材料科学　用于3D打印的原材料较

图1-5　3D打印的成形过程

为特殊，必须能够液化、粉末化、丝化，在打印完成后又能重新结合起来，并具有合格的物理、化学性能。

3D打印成形（见图1-6）具有以下特点：

1）数字制造：借助CAD等软件将产品结构数字化，驱动机器设备加工制造成器件；数字化文件还可借助网络进行传递，实现异地分散化制造的生产模式。

2）分层制造：把3D结构的物体先分解成2D层状结构，逐层叠加形成3D物品。因此，原理上 3D 打印可以制造出任何复杂的结构，而且制造过程更柔性化。

3）堆积制造：从下而上的堆积方式对于制造非匀致材料、功能梯度材料的器件更有优势。

4）直接制造：任何高性能、难成形的部件均可通过"打印"方式一次性直接制造出来，不需要再通过组装、拼接等复杂过程来实现。

5）快速制造：3D 打印制造工艺流程短、全自动，可实现现场制造，更快速、更高效。

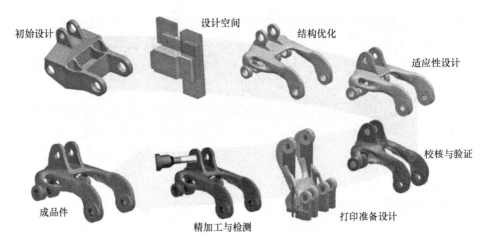

图 1-6　3D 打印的工艺流程

目前，3D 打印技术已广泛应用于模具、珠宝、建筑、汽车、航空航天、医疗、教育、地理信息系统和土木工程等众多领域。

1.2　3D 打印技术的基本原理

1.2.1　3D 打印的成形原理

3D 打印系统将 3D 数字模型转换成可以识别的文件，并进行数据分析，将模型进行切片处理，得到适应打印系统的分层截面信息。数据处理完成后，3D 打印设备就可以按照数据信息每次制作一层具有一定厚度和特定形状的截面，并逐层黏结、层层叠加，最终得到实体模型。

整个制造过程在计算机的控制之下，由 3D 打印系统自动完成（见图 1-7）。在 3D 打印中所使用的成形材料不同，系统的工作原理也有所区别，甚至不同公司制造的同一原理的打印系统也略有差异，但其基本原理都是一样的，即分层制造、逐层叠加。

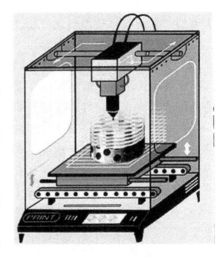

图 1-7　从数字模型到实物的过程

这里重点介绍两种典型的逐层叠加方式：一种是原材料自身沉积固化后叠层；另一种通常利用施加外部条件（如激光和黏结剂等）来黏结原材料完成固化叠层。

1. 沉积型

沉积型叠层方式的特点在于任何可由喷嘴挤压的原材料都可以进行 3D 打印。带有可沉积材料的喷嘴根据物体的截面信息在工作台上勾勒出物体的截面轮廓，原材料通过注射、喷洒或挤压的方式一层层地沉积固化，喷嘴沿着一系列水平或垂直轨道移动运行，逐层填充物体轮廓，最终完成实体制造，这实际上就是熔融沉积成形（Fused Deposition Modeling，FDM）工艺，如图 1-8 所示。

图 1-8　熔融沉积成形工艺

这种方式的优点在于其打印技术简单，容易实现简化（简化版本的成本低），运行安静，并使用相对低温的打印头，操作较为安全，是家庭、学校或者办公室使用的理想选择。但其主要缺点也正来源于这种只能通过喷嘴挤出或挤压材料的成形方式，它只能打印可以通过打印头挤出或挤压的材料，所使用的打印材料有局限性。

2. 黏结型

黏结型叠层方式通常是利用激光将热或光固化粉末和光敏聚合物等熔化或凝固为层，或者在原材料中加入某种黏结剂来实现，如图 1-9 所示。激光扫描遵循所打印物体的轮廓和截面逐层进行，一层固化成形完毕，可移动工作台下沉将已成形部分下沉一定的厚度，新一层的原材料覆盖在已成形部分的顶部，继续扫描固化，部件就会一层层地逐渐叠加成形。这种成形方式需要进行后处理，包括多余材料的去除、表面处理甚至进一步固化等。

图 1-9　黏结型叠层方式的立体光固化成形工艺

这种方式的优势在于激光作业迅速、精确，多束激光可并行工作，分辨率比挤压式 3D 打印头更高。随着光敏聚合物原材料质量的提升，其应用范围也在不断扩大。其缺点在于光敏聚合物产品的耐用性并不好，且价格昂贵，这类成形设备的成本也较高。

此外，选区激光烧结（Selective Laser Sintering，SLS）使用的技术与立体光固化成形（Stereo Lithography Apparatus，SLA）类似，所不同的是其成形材料并非液态光敏聚合物而是粉末材料，如图 1-10 所示。这种方式的优势在于未熔化的粉末可作为产品的内部支撑，某些情况下，未使用的松散粉末还可以回收再利用。
另一个优势是，很多原材料都可以制成粉末的形
式，比如尼龙（PA）、钢、青铜和钛等，因此粉
末材料应用的范围也更加广泛。但这种方式制造
的物体表面往往不光滑、多孔，也不能同时打印
不同类型的粉末，粉末处理不当，还有引发爆炸
的危险。SLS 成形是高温过程，产品打印完成后
需要冷却，视打印层的尺寸和厚度不同，有的物
体甚至需要一整天的冷却时间。

图 1-10　SLS 成形工艺

1.2.2　3D 打印技术的优势和劣势

　　3D 打印是对材料做"加法"的增材制造，
与利用机械切割原料或通过模具成形的传统制造
工艺有很大不同。3D 打印凭借其独特的制造技术可将虚拟的、数字的物品快速还原到实体
世界，快速得到个性化的产品，尤其是形状复杂、结构精细的物体，这种生产方式符合社会
发展的大趋势。

　　3D 打印技术在近些年的快速发展中，应用越来越广泛，其成形方式在应用中呈现了独
特的特点。在当前的技术条件下，与传统生产制造方式相比，3D 打印技术既有其优势也有
其劣势。

1. 优势

（1）从制造成本来看

1）生产周期短，节约成本。3D 打印技术在有 3D 数字模型的条件下，可直接制造实体
零件，无须制造模具和试模等这些传统制造工艺的试制流程，大大缩短了生产周期，也节约
了制模成本。

　　2）制造复杂零件不增加成本。对 3D
打印技术而言，制造形状复杂的物体仅
是数字模型的不同，与制造形状简单物
体并无太大不同，并不会额外消耗更多
的时间、材料等成本，而一个复杂形状
的模具制作相当耗时费力，有的甚至无
法制成（见图 1-11）。3D 打印制造复杂
零件的方法若能和传统制造方式达到同
样的精度和实用性，将会对产品价格带
来很大的影响。

图 1-11　3D 打印的复杂结构物体

　　3）产品容易实现多样化。同一台
3D 打印设备按照不同的数字模型使用相同的材料，可以同时制造多个形状不同的物体。传
统制造设备功能较为单一，能够做出的形状种类有限，成本相对也较高。

　　（2）从产品来看

　　1）实现个性化产品定制。从理论上讲，只要计算机建模设计出造型，3D 打印机都可以

打印出来。人们可以根据需要对模型进行任何个性化的修改，实现复杂产品、个性化产品的生产。这一点在医学领域的应用中显得尤为重要和适宜，个性化制造符合患者需求的假牙、人造骨骼和义肢（见图1-12）等，对患者来讲意义重大。

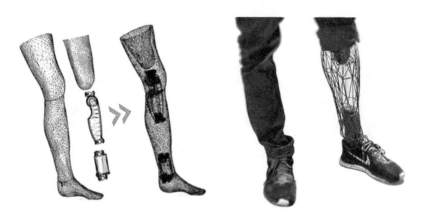

图1-12　3D打印的义肢

2）产品无须组装，一体化成形。3D打印可以使部件一体化成形（见图1-13），不需要各个零件单独制造后再进行组装，有效地压缩了生产流程，减少了劳动力的使用和对装配技术的依赖，节省了在这些方面的大量成本。而传统生产方式中，产品是由流水线逐步生产并组装而成的，部件越多，组装和运输所耗费的时间和成本也就越多。

3）突破设计局限。传统制造受制于生产工具和方式，并不能随心所欲地生产设想中的产品。3D打印技术突破了这种局限，可以轻松实现设计者的各种设计想法，大大拓宽了设计和制造空间，如图1-14所示。

（3）从生产过程来看

1）制作技能门槛低。3D打印中计算机控制制造全过程，降低了对操作人员技能的要求，不需要再依赖熟练工匠的技术能力控制产品的精度、质量和生产速度，开辟了非技能制造的新商业模式，并能在远程环境或极端情况下为人们提供新的生产方式。

图1-13　航空航天发动机的3D打印一体化零件

图1-14　3D打印的复杂零件

2）废弃副产品较少。3D打印制造的副产品较少，尤其是在金属制造领域，传统金属加工浪费量较大，而3D打印进行金属加工时浪费量很小，节能环保。

3）精确的产品复制。3D打印依托数字模型生产产品，在同一产品精度的控制方面也是从数据扩展至实体，因而可以精确地创建副本或优化原件，如图1-15所示。

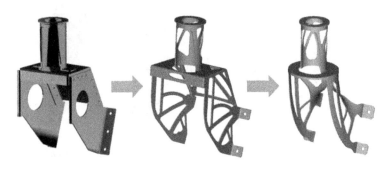

图1-15　3D打印的产品优化设计

4）材料无限组合。传统制造在切割或模具成形过程中，不能轻易地将不同原材料结合成单一产品。而3D打印技术却可将以前无法混合的原材料混合成新的材料，这些材料种类繁多，甚至可以赋予不同的颜色，具有独特的属性或功能，如图1-16所示。

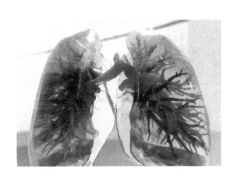

图1-16　3D打印的多材料混合彩色模型

2. 劣势

　　然而，3D打印技术并非"无所不能"，还有许多技术困难没有得到完美解决，在产品精度、实用性等方面还有很大的提升空间。在当前技术条件下，3D打印技术仍存在以下缺陷或劣势。

　　（1）制造精度问题　3D打印技术的成形原理是层层堆叠成形，这使得其产品中普遍存在台阶效应（见图1-17）。尽管不同方式的3D打印技术（如粉末激光烧结技术）已尽力降低台阶效应对产品表面质量的影响，但效果并不尽如人意。分层厚度虽然已被分解得非常薄，但是仍会形成"台阶"。

图1-17　3D打印产品呈现的台阶效应

对于表面是圆弧形的产品来说，精度的偏差是不可避免的。

目前，很多3D打印方式都需要进行二次强化处理，如二次固化、打磨等，其对产品施加的压力或温度，会造成产品材料的形变，进一步造成精度降低。

（2）产品性能问题　层层堆叠成形的方式，使得层与层之间的衔接无法与传统制造工艺整体成形产品的性能相匹敌，在一定的外力作用下，打印的产品很容易解体，尤其是层与层之间的衔接处。

现阶段的3D打印技术，由于成形材料的限制，其制造的产品在诸如硬度、强度、柔韧性和机械加工性等性能和实用性方面，与传统制造加工产品还有一定的差距。这一点在民用领域的产品上体现得较为明显，多作为产品原型或验证设计模型来使用，作为功能部件使用略显勉强。3D打印在工业制成品等高端应用中，在精度、表面质量和工艺细节上有很大提升，在航空航天、医疗、军事等领域有较多的功能性应用。

（3）材料问题　目前可供3D打印机使用的材料，尽管种类在不断地扩充，但相对于应用需求来讲还是太少，有些材料虽然可以在3D打印机上使用，但其产品的功能性如何尚未可知。

此外，由于3D打印加工成形方式的特殊性，很多材料在使用前需要经过处理制成专用材料（如金属粉末），这使得打印的产品在质量上与传统加工产品有一定的差距，进而影响产品的应用。另一些快速成形方式制成的产品表面质量较差，需要经过二次加工等后处理才能应用。对于具有复杂表面的3D打印产品，支撑材料难以去除，也对产品质量和应用构成影响。

（4）成本问题　目前，使用3D打印机进行生产制造的高精度核心设备价格高昂，成形材料和支撑材料等耗材需制成专用材料，价格不菲，这使得在不考虑时间成本时，3D打印对传统加工的优势荡然无存。

在当前技术条件下，打印成品的表面质量还需要进行后处理，当后处理成为必要环节时，人力和时间成本也随之上升。

1.3　3D打印的系统组成

整个3D打印机系统是集机械、控制及计算机技术等为一体的机电一体化系统。使用3D打印技术制造产品时，需要由软、硬件设备共同协作完成。一般来说，3D打印的系统组成主要有软件、硬件两大部分。

1.3.1　3D打印的软件

3D打印中使用的软件主要包括：

1. 建模软件

建模软件用来辅助设计人员制作产品的3D数字模型，如图1-18所示。

3D设计是在假想空间直接完成整体形态设计的，只要有3D数据，就可以根据数据打印出成品。可用于3D建模的软件工具很多，根据设计对象的形状和用途需要选择不同的软件环境。通过软件工具可详细完整地表达设计细节和需求，是快速成形的制造依据。

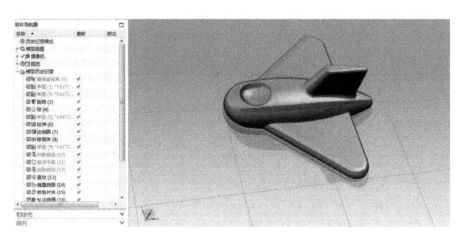

图 1-18　UG 软件的建模界面

2. 数据处理软件

3D 打印是分层制造、逐层叠加的，需要对 3D 模型进行数据处理，包括将模型文件从模态结构转化成数字结构，并对转化过程中产生的数据进行检测、修复、转换、切片（分层）以及为模型添加必要支撑（便于堆叠）等操作，并生成 3D 打印设备可识别执行的数字文件。为使快速成形设备识别 3D 模型，执行成形命令，就需要能对 3D 模型进行数据修复、转换、切片、添加支撑等操作的数据处理软件，如图 1-19 所示。

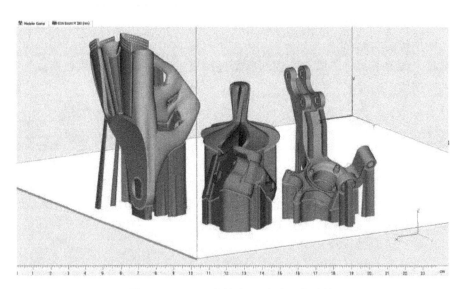

图 1-19　Magics 软件为 3D 打印添加支撑

产品设计完成进入生产加工前，需要将 3D 图形文件转换为机器代码，然后才能送至生产设备进行相应的加工。数据处理软件就是将模型设计的图形文件从模态结构转化成数字结构，并对转化过程中产生的数据进行检测、修复、编辑等处理操作，生成加工设备可识别执行的数字文件。

3. 设备控制软件

设备控制软件主要用于将3D数据导入到3D打印成形设备，并控制、监测成形设备的工作，用以完成成形加工。图1-20所示为盈普TPM 3D打印设备的控制软件EliteCtrlSys的界面。

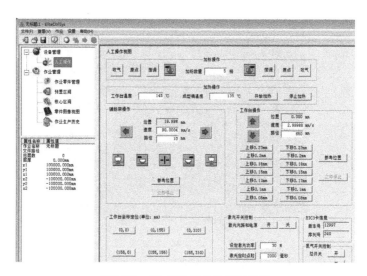

图1-20　3D打印设备的控制软件

1.3.2　3D打印的硬件

3D打印设备主要是指3D打印机，它是3D打印的核心装备。其工作原理与普通打印机基本相同，打印机内装有打印材料，成形设备收到模型的切片信息后，通过软件控制开始打印，打印材料按照既定路径被逐层打印成形，层层堆叠，直至得到一个实体模型。

目前，3D打印设备一般分为工业级3D打印机和桌面级3D打印机两类。

1）工业级3D打印机（见图1-21）：精度高、成品率高、高度高，常被称为快速成形机。这些设备主要应用于专业化、重量级的产品原型设计，价格昂贵，系统复杂，适用于专业人士。

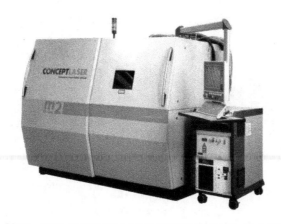

图21　德国CONCEPT LASER高端工业级金属3D打印机

2）桌面级3D打印机（见图1-22）：小巧精致且价格低廉，对于个人消费者、中小企业或者各类教育机构等非常实用，对操作者的专业要求不高。相应地，3D打印机的小型化也在一定程度上牺牲了产品的精度和表面质量等。桌面级3D打印机的推广与普及，使得3D打印技术进入大众视野。

图1-22　美国 MakerBot Replicator 2 桌面级 3D 打印机

1.3.3　3D 打印材料

基于3D打印的成形原理，其所使用的原材料必须能够液化、粉末化或者丝化，在打印完成后又能重新结合起来，并且具有合格的物理、化学性能。除了模型成形材料还有辅助成形的凝胶剂或其他辅助材料，用以提供支撑或用来填充空间，这些辅助材料在打印完成后需要处理或去除。

现在可用于3D打印的材料种类越来越多，树脂、塑料、金属、陶瓷、橡胶类材料都可以作为成形材料。3D打印材料主要可分为高分子材料和金属材料两大类。高分子材料，如光敏树脂、ABS（丙烯腈-丁二烯-苯乙烯共聚物）、PC（聚碳酸酯）、尼龙粉、石膏粉、蜡等，是3D打印的常用材料，如图1-23所示。金属材料受工艺及自身特性的局限，目前应用并不广泛。随着技术的发展，一些混合材料的应用也渐渐多了起来。

a) 不锈钢粉末　　　　　　　　　　b) ABS线材

图1-23　3D 打印材料

1.4 3D打印的工程应用

3D打印技术已经发展多年，它为传统制造业带来的改变是显而易见的。随着科学技术的发展，数字化生产技术将会更加高效、精准、成本低廉，3D打印技术在制造业大有可为。

1. 工业制造

3D打印技术在工业制造领域应用广泛，其在产品概念设计、原型制作、产品评审和功能验证等方面有着明显的应用优势。运用3D打印技术能够快速、直接、精确地将设计思想转化为具有一定功能的实物样件，对于制造单件、小批量金属零件或某些特殊、复杂的零件（见图1-24）来说，其开发周期短、成本低的优势尤其明显，使得企业在激烈的市场竞争中占有先机。

图1-24 3D打印的工程零件

2. 医疗行业

3D打印技术在医疗领域发展迅速，市场份额不断提升。3D打印技术可以为患者提供个性化的治疗条件，还可以根据患者的个人需求定制模型假体，如假牙、义肢等，甚至人造骨骼（见图1-25）也已成为现实。通过3D打印技术可以很容易得到病人的软、硬组织模型，为医生提供准确的病理模型，帮助医生更好地了解病情、合理制定手术规划和方案设计。

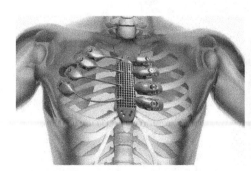

图1-25 3D打印的骨骼

另外，科研人员正在研究将生物3D打印应用于组织工程和生物制造，期望通过3D打印技术打印出与患者自身需要完全一样的组织工程支架，在接受组织液后，可以成活，形成有功能的活体组织，为患者进行器官移植以代替损坏的器官带来生活的希望，为解决器官移植的来源问题提供了可能，如图1-26所示。尽管生物3D打印有如此诱人的应用前景，但也会涉及伦理和社会问题，这些都需要通过制定法律来加以限制。当然，这还只是一种设想，要想变为现实，还有很多的科研工作要做。

图1-26　3D打印的器官

3. 航空航天与国防军工

在航空航天领域会涉及很多形状复杂、尺寸精细、性能特殊的零部件、机构的制造，如图1-27所示。澳大利亚研究者于2015年成功研制出世界上第一台3D打印的喷气发动机。

图1-27　世界上第一台3D打印的喷气发动机

3D打印技术可以直接制造这些零部件，并制造一些传统工艺难以制造的零件。罗尔斯·罗伊斯公司利用3D打印技术，以钛合金为原材料，打印出了首个最大的民用航空发动机组件，即瑞达XWB-97发动机的前轴承，是一个类似于拖拉机轮胎大小的组件，如图1-28所示。

4. 文化创意

3D打印独特的技术优势使得它非常适合制作那些形状结构复杂、材料特殊的载体，不仅是模型艺术品，甚至是电影道具、角色等，如图1-29所示。

图 1-28　瑞达 XWB-97 发动机的剖面图

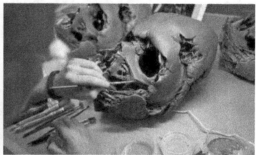

图 1-29　3D 打印制作影视道具

5. 艺术设计

对于很多基于模型的创意 DIY 手办（立体模型玩具）、鞋类、服饰、珠宝和玩具等，3D 打印技术可以很好地展示设计者的创意（见图 1-30）。3D 打印技术能方便快捷地将产品模型提供给客户和设计团队观看，提供及时沟通、交流和改进的可能，在相同的时间内缩短了产品从设计到市场销售的时间，以达到全面把控设计进程的目的。快速成形使更多的人有机会展示丰富的创造力，使艺术家们可以在最短的时间内释放出崭新的创作灵感。

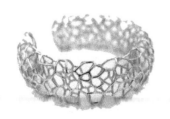

图 1-30　3D 打印的珠宝

6. 建筑工程

设计建筑物或进行建筑效果展示时，常会制作建筑模型。传统建筑模型采用手工制作而成，手工制作工艺复杂，耗时较长，人工费用过高，而且也只能做简单的外观展示，无法还原设计师的设计理念，更无法进行物理测试。3D打印可以方便、快速、精确地制作建筑模型，展示各式复杂结构和曲面，完整还原设计师的创意，并可用于外观展示及风洞测试，还可在建筑工程及施工模拟（AEC）中应用。有的巨型3D打印设备甚至可以直接打印建筑物本身，如图1-31所示。

图1-31　3D打印的建筑

1.5　3D打印技术的历史及现状

1.5.1　3D打印技术的历史

3D打印的市场历程如图1-32所示。

3D打印源自19世纪的照相雕塑和地貌成形技术，Joseph Blanther发明了用蜡板层叠的方法制作等高线地形图的技术。到20世纪80年代后期，3D打印技术已初具雏形，其学名为"快速成形"，并且在这个时期得到推广和发展。

1986年，美国科学家查尔斯·胡尔（Charles Hull）提出用激光照射液态光敏树脂，固化分层制作3D物体的快速成形概念，他将这项技术命名为SLA，并获得了专利认证。同年，他成立了3D Systems公司，并开发了第一台商用3D打印机。

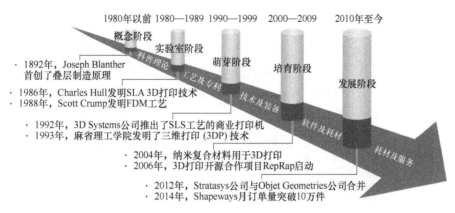

图 1-32 3D 打印的市场历程

1988 年，3D Systems 公司推出了面向公众的第一款商业化快速成形机 SLA-250，如图 1-33 所示。它以液态光敏树脂选择性固化的方式成形零件，开创了快速成形技术的新纪元。经过多年的发展，SLA 已经成为当今研究发展最成熟、应用最广泛的 3D 打印典型技术，在全世界安装的快速成形机中 SLA 系统约占 60%。

1988 年，美国人斯科特·克伦普（Scott Crump）发明了 FDM 工艺，并在第二年（1989 年）成立了 Stratasys 公司。FDM 工艺的 Stratasys 公司的 3D 打印机如图 1-34 所示。

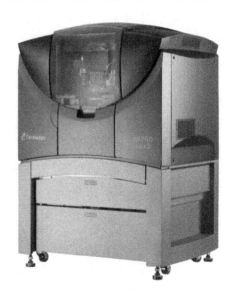

图 1-33 第一款 SLA 商用 3D 打印机 SLA-250   图 1-34 FDM 工艺的 Stratasys 公司的 3D 打印机

1989 年，美国德克萨斯大学奥斯汀分校的 Carl R. Dechard 成功研制 SLS 技术。SLS 技术使用的材料最广泛，理论上讲几乎所有的粉末材料都可以打印，如陶瓷、蜡、尼龙，甚至是金属。他还组建了 DTM 公司，并于 1993 年研发出了第一台在商业上成功的 SLS 设备 Sinter-station 2000（见图 1-35）。

1993 年，麻省理工学院教授 Emanual Saches 发明了三维打印（Three Dimensional Printing，3DP）技术并获得了专利，该专利是非成形材料微滴喷射成形范畴的核心专利之一。

图1-35　第一台商用SLS设备Sinterstation 2000

1995年，麻省理工学院把3DP技术授权给Z Corporation进行商业应用，后来开发出彩色3D打印机。

1998年，以色列公司Objet Geometries成立，该公司以制造3D打印所需的材料著称。

2005年，市场上首个高清彩色3D打印机Spectrum Z510由Z Corporation公司研制成功，如图1-36所示。

图1-36　世界第一台高清彩色
3D打印机Spectrum Z510

2006年，3D打印开源合作项目RepRap启动。2007年，英国巴斯大学的机械工程高级讲师Adrian Bowyer博士在开源3D打印机项目RepRap中，成功开发出世界首台可自我复制的3D打印机，代号"达尔文（Darwin）"，如图1-37所示。由于是开源技术，其他人可以任意使用并改造这项技术，随着更多人参与改进，此项技术不断优化，3D打印机开始进入普通人的生活。随后出现的全球最大的桌面级3D打印机公司MakerBot就是基于此项技术迅猛发展起来的。

图1-37　开源3D打印机项目的"达尔文（Darwin）"

2008 年，以色列 Objet Geometries 公司推出其革命性的 Connex500™快速成形系统（见图 1-38），它是有史以来第一台能够同时使用几种不同打印原料的 3D 打印机，开创了混合材料打印的先河。

2009 年，增材制造技术委员会的 ASTM F42 成立；FDM 关键专利到期；MakerBot 公司推出基于开源系统 RepRap 的产品；3D Systems 公司推出 Pro Parts 打印服务业务。

2010 年，美国 Organovo 公司研制出了全球首台 3D 生物打印机，如图 1-39 所示。这种打印机能够使用人体脂肪或骨髓组织制作出新的人体组织，使得 3D 打印人体器官成为可能。

图 1-38　Connex500™快速成形系统

图 1-39　全球首台 3D 生物打印机

2011 年 6 月，荷兰医生给一名 83 岁老人安装了一块采用 3D 打印技术制作的金属下颌骨（见图 1-40），这是全球首例此类型的手术。3D 打印的金属下颌骨标志着 3D 打印移植物开始进入临床应用。

2011 年 7 月，英国埃克赛特大学的研究人员展示了世界上第一台巧克力打印机。同年 8 月，世界上第一架 3D 打印飞机由英国南安普敦大学的工程师创建完成。

2012 年 4 月，Stratasys 公司宣布与 Objet Geometries 公司合并。

2012 年英国《经济学人》杂志发表专题文章，称 3D 打印是引发第三次工业革命的关键因素。这篇文章引起了人们对 3D 打印的重新认识，3D 打印开始在社会普通大众中传播开来。

2012 年 11 月，我国宣布是世界上唯一掌握大型结构关键件激光成形的国家。2013 年，

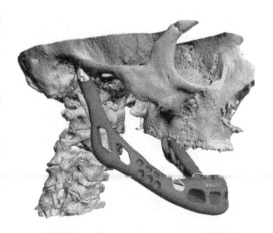

图 1-40　全球首个 3D 打印的金属下颌骨

北京航空航天大学王华明团队首创 3D 打印飞机钛合金大型主承力构件。

2013 年 6 月，Stratasys 公司和桌面级 3D 打印领导者 MakerBot 公司合并，使 Stratasys 公司的业务从工业级 3D 打印机扩展到家用型。

2014 年，Stratasys 公司完成对 MakerBot 公司的收购。

2015 年，3D Systems 公司收购无锡易维模型设计制造有限公司，创建 3D Systems 中国公司；佳能、理光、东芝、欧特克、微软和苹果纷纷涉足 3D 打印市场；惠普公布了其开发的多射流熔融（MJF）3D 打印技术；Materialise 公司开始为空客 A340 XWB 供应 3D 打印部件。

1.5.2　3D 打印技术的现状

3D 打印技术作为一种快速成形技术发展十分迅猛，并且正迅速改变着人们的生产、生活方式。经过多年的探索和发展，3D 打印技术有了长足的发展，不仅形成了几十种各具特色的 3D 打印技术，如 FDM、SLM（Selective Laser Melting，选区激光熔融）、SLS 等，而且在成形速度、精度等方面也得到了提升。如已经能够在 0.01mm 的单层厚度上实现 600DPI 的精细分辨率，国际上较先进的产品可以实现每小时 25mm 厚度的垂直速率，并可以实现 24 位色彩的彩色打印。

目前，在全球 3D 打印机行业，美国 3D Systems 和 Stratasys 两家公司的产品占据了绝大多数市场份额。此外，在此领域具有较强技术实力和特色的企业/研发团队还有美国的 Fab@Home 和 Shapeways 及英国的 Reprap 等。3D Systems 公司是全世界最大的快速成形设备开发公司，于 2011 年 11 月收购了 3D 打印技术的最早发明者和最初专利拥有者 Z Corporation 公司之后，奠定了其在 3D 打印领域的龙头地位。Stratasys 公司于 2010 年与传统打印行业巨头惠普公司签订了 OEM 合作协议，生产 HP 品牌的 3D 打印机。继 2011 年 5 月收购 Solidscape 公司之后，Stratasys 又于 2012 年 9 月与以色列著名 3D 打印系统提供商 Objet Geometries 公司宣布合并。当前，国际 3D 打印机制造业正处于迅速兼并与整合的过程中，行业巨头正在加速崛起。

在欧美国家，3D 打印技术已经初步形成了成功的商用模式。如在消费电子业、航空业和汽车制造业等领域，3D 打印技术可以以较低的成本、较高的效率生产小批量的定制部件，完成复杂而精细的造型。另外，3D 打印技术获得应用较多的领域是个性化消费品产业。如纽约一家创意消费品公司 Quirky 通过在线征集用户的设计方案，以 3D 打印技术制成实物产品并通过电子市场销售，每年能够推出 60 种创新产品，年收入达到 100 万美元。

我国也积极探索 3D 打印技术的研发与应用。自 20 世纪 90 年代初以来，清华大学、西安交通大学、华中科技大学、中国科学技术大学、北京航空航天大学、西北工业大学等多所高校积极致力于 3D 打印技术的自主研发，在 3D 打印设备制造技术、3D 打印材料技术、3D 设计与成形软件开发、3D 打印工业应用研究等方面取得了不错的成果，有部分技术已经处于世界先进水平。

中投顾问发布的《2016—2020 年中国 3D 打印产业深度调研及投资前景预测报告》称，我国制造的 3D 打印设备，超过七成销往海外市场。但欧美的 3D 行业比我们成熟很多，尤其是工艺技术、研发投入、人才基础、产业形态和材料等领域。

但是，3D 打印技术要进一步扩展其产业运用空间，目前仍面临着多方面的瓶颈和挑战。

1. 耗材问题难以解决

耗材的局限性是3D打印不得不面对的现实。目前，3D打印的耗材非常有限，市场上现有的耗材多为石膏、无机粉料、光敏树脂、塑料等，如果真要"打印"房屋或汽车，光靠这些材料是远远不够的。比如最重要的金属构件，这恰恰是3D打印的软肋。耗材的缺乏，也直接关系到3D打印产品的价格。

2. 制造的产品精度不够

由于3D打印工艺发展还不完善，特别是对快速成形软件技术的研究还不成熟，目前快速成形零件的精度及表面质量大多不能满足工程直接使用，不能作为功能性部件，只能做原型使用。由于采用层层叠加的增材制造工艺，层和层之间的黏结再紧密，也无法和传统模具整体浇铸而成的零件相媲美，这意味着在一定外力条件下，"打印"的部件很可能会散架。

3. 需整合3D打印产业链

一项技术的推广，如果不能构建起一个上下游结合的产业链，它的影响就是有限的。从全球范围看，我国的3D打印技术研发起步并不晚，目前在单项技术领域，甚至可以和英、美等国相媲美。比如，在航空工业的钛合金激光打印技术上，北京航空航天大学王华明教授领导的团队在研发上就走在了世界前列。

综上所述，3D打印技术作为一项新兴技术，目前虽然存在一些技术瓶颈，但是，其具有较强的发展前景。随着智能制造、控制技术、材料技术、信息技术等的不断发展和提升，这些技术也被广泛地综合应用于制造工业，3D打印技术也将会被推向一个更加广阔的发展平台。

3D打印技术的确可以改变产品的开发、生产，但赋予3D打印"第三次工业革命"有点言过其实。单件小批量、个性化及网络社区化生产模式，决定了3D打印技术与传统的铸造建模技术，是一种相辅相成的关系。3D打印设备在软件功能、后处理、设计软件与生产控制软件的无缝对接等方面还有许多问题需要优化。未来，3D打印技术的主要发展趋势是智能化、便捷化和通用化。

1.6　典型的3D打印设备及其选购

全球3D打印机厂商呈现寡头格局。目前，美国、日本、德国占据了3D打印市场的主导地位，尤其是美国占据了全球市场近38%的份额。就具体公司而言，主要包括3D Systems（美国）、Stratasys（美国）、ExOne（美国）、EOS（德国）、Solido（以色列）和Envisiontec（德国）等，这些公司分别在特定领域和细分市场具有优势，目前占据了全球市场90%的份额。

美国是全球最大的3D打印机生产国和消费国，3D打印产业生态建设完善。目前，我国3D打印技术的发展面临着诸多挑战，总体处于新兴技术的产业化初级阶段，国内的3D打印主要集中在家电及电子消费品、建筑、教育、模具检测、医疗及牙科正畸、文化创意及文物修复、汽车及其他交通工具、航空航天等领域。

1.6.1 典型的3D打印设备

在各种3D打印展会上，会看到形式多样、种类繁多的3D打印设备，有的在打印塑料玩具和工艺品，有的在制作轴承等机械零件。下面将从应用领域的角度来介绍桌面级和工业级的3D打印设备，前者以民用为主，后者偏向工业应用，两者均有基于FDM、SLA、SLS、SLM、LOM（Laminated Object Manufacturing，叠层实体制造）等技术的不同型号。

1. 工业级3D打印设备

工业级3D打印设备精度高、成品率高、高度高，多应用于制造业的工业新产品设计、试制和快速制作模型（见图1-41）等，也可用于医疗行业某些特殊医疗器械的制造、建筑模型的制作和创意产品玩具的模型克隆等。

图1-41　3D打印的航空发动机模型

工业级3D打印设备多采用立体光固化成形法、喷墨成形法、热熔融树脂沉积法、粉末烧结法和利用树脂固定石膏法等方式，如图1-42所示。相对于传统制造，3D打印设备对原材料的损耗较小，还节省了模具制造、锻压等的时间和资金成本。

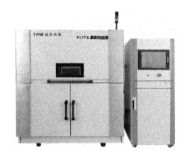

a) SLA工业级3D打印设备　　　　　　b) SLS工业级3D打印设备

图1-42　工业级3D打印设备

成品大小、可使用的材料种类、叠加层厚度的细致程度等因素造成了工业级3D打印设备的市场价格差异。从另一方面来讲，工业级3D打印设备代表着最前沿的3D打印技术，在工业机型上新技术总是能最快地转化为生产力实现商业价值，并反向推动3D打印技术的发展。这样一来，在消费领域更先进、更好用的3D打印设备也会被更快地推出。

2. 桌面级3D打印设备

随着技术的发展和消费者需求的变化，3D打印机褪去神秘面纱，开始走进业余爱好者和设计师的工作台，桌面级3D打印机由此而生。桌面级3D打印设备是面向普通大众、教育机构或业余爱好者等的设备系统（见图1-43）。桌面级3D打印设备目前主要以热熔融树脂沉积法（FDM）和光敏树脂固化（SLA）两种技术为主，市场上的产品大部分以FDM技术为主，基于SLA技术的产品还相对较少。

图1-43　MakerBot公司的第五代桌面级3D打印设备

桌面级3D打印设备对3D打印的知识普及有很大的推动作用。相对于工业级3D打印设备来说，其在价格上使得这些设备可以走进课堂甚至个人家庭，让更多的人认识3D打印，帮助人们做好科普工作、实现个人创意（见图1-44）。

图1-44　桌面级3D打印设备及其产品

然而，桌面级3D打印设备的精度不尽如人意，与工业级3D打印设备相比，可以说相去甚远。目前工业级3D打印设备的打印层厚能做到14μm，而桌面级3D打印设备的精度在0.1mm左右，打印出来的产品有很明显的分层感，比较粗糙。其次，桌面级3D打印设备能使用的材料还仅限于塑料，因此使用范围非常有限。对于个人家庭用户来说，打印物品前的数据建模和数据转换也是问题之一。这些桌面级3D打印设备普及的障碍也体现在了近年来的销售数据中。桌面级 3D 打印设备还需在未来发展上思考更多。

1.6.2　3D 打印设备的选购

3D 打印技术是将数字数据转变成实物的打印技术。3D 打印机所使用的材料，因其材料属性、表面粗糙度、耐环境性、视觉外观等方面的不同，打印实现效果存在着巨大的差异。

因此，选购 3D 打印机时最重要的是要先确定 3D 打印的主要应用，根据应用需求和能够提供最佳综合价值的关键性能指标来进行选择，可重点考虑以下这些具体的性能。

1. 3D 打印的精度

要选择一台好的 3D 打印机，毫无疑问首先要考虑其精度。打印精度决定了 3D 打印机能打印出何种级别的产品。普遍桌面级 3D 打印机的精度现在基本上都能达到 0.1mm。

2. 3D 打印的速度

打印速度与打印精度成反比关系，打印速度越快会造成打印精度降低，越慢则会提高打印精度。目前市场上 3D 打印机的打印速度都是可调的，20 ~ 100mm/s 是常见的打印速度。有些打印机不适合太高的打印速度，应根据打印机生产商的参数要求而定。

3. 3D 打印机的结构

3D 打印机的结构也影响着 3D 打印的精度。结构的稳定性相当重要，它可以决定打印机的打印速度，结构不稳定的，打印速度过快就会影响模型打印精度。要判断结构，首先要看是一体成形还是螺钉拼接固定，一体成形结构的稳定打印速度能达到很高，比如 100mm/s。结构复杂的模型会有很多悬空位置，需要加支撑打印，那么打印时间就会延长，长时间的打印工作必须要依靠稳固的结构才能打印出好的模型。

（1）XYZ 矩阵式结构 3D 打印机（见图 1-45）　这种结构的 3D 打印机在市场上很常见。从机械结构上看，多数 XYZ 矩阵式结构 3D 打印机多采用近端送料，以此提高送料响应速度，但也因此造成了打印头部件体积庞大、笨重，所以必须降低打印速度以稳定打印。由于其结构比较简单，机器控制相对简单，各独立轴不会互相影响，调试也很简单，几千元的机器就能打印出高质量的产品。

图 1-45　XYZ 矩阵式结构 3D 打印机

（2）三角洲结构3D打印机（见图1-46） 这种结构的3D打印机主要是采用三轴并联臂结构运行，远程送料，因此打印头的重量较轻，机器运动对机器本身影响不大，不易发生抖动现象，因此打印精度较高，能够以高于XYZ矩阵式结构3D打印机2倍左右的速度打印。由于其结构因素，机构运动占据了大半空间，因此打印尺寸较小。此款设备安装过程较为简单，只是在固件调试上较复杂。

（3）Prusa i3结构3D打印机（见图1-47） 此款设备也是XYZ运动方式，只是使用平台移动设备来代替喷头的Y轴方向移动。其优点是方便调试，结构也简单，容易组装；缺点是平台较笨重，不易移动太快，占用空间较大。想要做大型设备打印平台运动起来会更加笨重，小尺寸的此款设备相对于XYZ矩阵式结构3D打印机会有一些优势。其产品成本低，性价比较高。

图1-46 三角洲结构3D打印机

图1-47 Prusa i3结构3D打印机

一般来说，想要大尺寸应选择XYZ矩阵式结构；想要高性价比应选择Prusa i3结构；想要高速度应选择三角洲结构。

4. 打印尺寸

3D打印机的打印尺寸非常重要，打印尺寸的大小和打印速度、打印精度相关。一般大尺寸的3D打印机，对于精度的考量比较严格，但是价格也比较高。所以，选择3D打印机时要看打印尺寸是否满足需要。

5. 打印材料

了解预期的应用和所需材料的特性，对于选择3D打印机来说很重要。每种技术各有所长也各有所短，都应作为选择个人3D打印机的考虑因素。

每种3D打印技术都受限于具体的材料类型。对于个人3D打印机，材料大致可分为非塑料、塑料、蜡这几类，应以哪类材料最符合价值和应用范围要求为依据，来选购3D打印机。

1.7 本章小结

本章主要介绍了3D打印技术的概述、基本原理、打印系统组成以及工程应用案例，讨论了3D打印技术的历史及现状，最后介绍了典型的3D打印设备及如何选购3D打印设备。

复习思考题

1. 简述3D打印技术的基本原理。
2. 3D打印技术有什么特点?
3. 简述3D打印技术对制造行业的促进作用。

第**2**章

hapter

3D打印工艺

2.1 3D 打印工艺概述

3D 打印技术突破了传统的成形方法,通过数字模型与快速成形系统,快速制造出各种形状复杂的原型。3D 打印技术的本质是采用叠加薄形层面材料的方法制作实体物体,是增材制造的主要实现形式。它有几种不同的成形方式,有些成形方式看似没有明显的材料叠加过程,但无论哪种方式,实际上都是通过叠加薄形层面材料的方法来实现的。

在介绍 3D 打印工艺之前,我们先了解一下 3D 打印技术相关的术语解释。

1. STL 文件

STL 是由 3D Systems 公司于 1988 年制定的一个接口协议,是一种为增材制造技术服务的 3D 图形文件格式,其作用是将设计的复杂细节转换为直观的数字形式。STL 文件使用网格代替设计模型的表面和曲线,网格由一系列的三角形组成,代表着设计原型中的精确几何含义,如图 2-1 所示。市场上能买到的 3D 打印机基本上都使用 STL 文件作为标准图形信息输入文件。

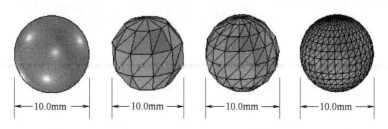

图 2-1 STL 文件示意图

2. 水密

3D 打印要求 STL 文件必须是水密的（Water Tight）。水密最好的解释就是无漏洞的有体积固体。设计的模型很有可能存在没有被留意的小孔，需要使用 STL 修复软件，通过缝隙、重叠、交叉、布尔等一系列操作修复模型。

3. 切片

STL 文件一旦创建，3D 打印机就会将模型切"片"，存储为一系列横截面的文件，并计算出 3D 打印机的路径和打印量，后面的工作就是 3D 打印机不断地将横截面层层打印，并不断累积，直到模型完成。

4. 层厚度

3D 打印工艺都有各自的规格限制，其中最重要的一项就是机器所打印的层的厚度。层越薄，精度越高，但消耗时间越长；层越厚，切片就越粗糙，有些小于层厚的细节，就有可能被忽略。这是一个需要精心调整的参数。

5. 模型材料

不同的 3D 打印技术使用不同的材料来制作截面，常见的有塑料、液态树脂、粉状物（陶瓷、金属）、蜡等。

6. 支撑材料

每种 3D 打印技术都需要使用支撑材料来支撑模型的表皮。简单说就是，任何打印出来的几何形体都是一层层累积而来的，一层建造在另外一层之上，有些形状，比方说正方体，四周表面都自支撑，上面一面要打印成功，就需要使用支撑材料。

2.2 3D 打印的工艺流程

3D 打印从建模到切片处理再到成形制造的整个流程如图 2-2 所示。

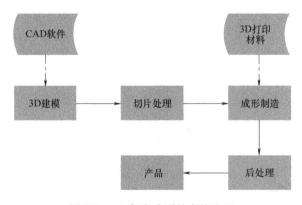

图 2-2　3D 打印成形的实施流程

2.2.1　3D 建模

3D 打印制造过程同样需要一个打印源文件，有了这个数字模型文件，才能进行下一步工作。3D打印的数字模型源文件一般都是由3D制图或建模软件绘制的，属于软件生成的矢量模型，如图2-3所示。通过实体建模，将人们对产品的创意落实成为第三人或机器可以理解的形式，是将创意转化为实物的第一步。3D模型设计好后，还要进行分析和检查，看模型是否适合进行打印，是否需要进行表面平滑处理和瑕疵修正等。

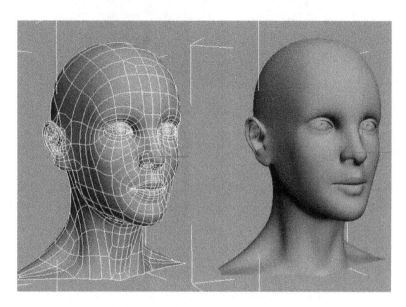

图 2-3　3ds Max 制作的 3D 数字模型

　　根据构建 3D 模型的工作流程的不同，可以分为正向设计和逆向设计。正向设计的流程通常是从概念设计起步到 CAD 建模。但是，对于复杂的产品，正向设计过程难度系数大、周期长、成本高，不利于产品的研制开发。逆向设计通常是根据正向设计概念所产生的产品原始模型或已有产品进行改良，通过对有问题的模型进行直接修改、试验和分析得到相对理想的结果，然后再根据修正后的模型通过扫描和造型系统等一系列方法得到最终的 3D 模型。逆向设计的关键是 3D 扫描数据的获取及后处理。

2.2.2　切片处理

　　3D 模型必须经过软件处理才能实现打印，处理方法一般就是切片与传送。切片软件会将模型细分成可以打印的薄度，然后计算其打印路径，也就是得到分层截面信息，从而指导成形设备逐层制造，如图2-4所示。之后，3D打印机根据模型切片后的每一层的信息，去决定挤压出多少材料以及这些材料的精确走向，3D打印机再制造出每一层相应的形状，直到完成整个物体的3D打印。

　　设计模型经过切片后保存为 STL 文件。STL 文件准备就绪，连接 CAD 和 CAM（计算机辅助制造）的桥梁就已基本完成。成形设备的客户端软件读取 STL 文件，将这些数据传送至硬件，并提供控制其他功能的控制界面。硬件读取 STL 文件，读取数字网格"切"成虚拟的薄层，这些薄层对应着即将实际"打印"的实体薄层。切片、传送等功能多合一，即切片引擎功能一体化，似乎会成为 3D 打印设备前端软件不可避免的趋势。

29

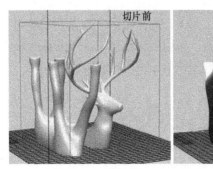

图 2-4　3D 模型的切片处理

2.2.3　成形制造

收到控制指令后，物理打印过程就可以开始了。打印设备根据数据路径实现全程自动运行，打印进行及持续的过程中，会得到一层层的截面实体并逐层黏结，实体就一层层地"生长"出来了，直至整个实体制造完毕，如图 2-5 所示。

2.2.4　后处理

由于成形原理不同，经打印成形的实体有时还需要进行后处理，如去除支撑、清理粉末、打磨、组装、拼接、上色喷漆甚至二次固化等，以提高制品的质量，如图 2-6 所示。

图 2-5　成形制造　　　　　　　　　　　　图 2-6　后处理——清理粉末

2.3　3D 打印技术的类型

根据成形原理的不同，3D 打印技术可以分为很多种类，见表 2-1。每种成形技术的具体原理都不一样，这与所用的成形材料和固化方式有关，但核心成形方法都是根据数字模型制造出一层物体，然后逐层叠加，直至制造出整个 3D 物理实体。现在比较成熟的主流快速成形技术有 SLA、FDM、SLS、SLM、3DP、LENS（Laser Engineered Net Shaping，激光近净成形）和 LOM 等。

表 2-1　3D 打印技术按成形原理分类

成形原理	技术名称	应用领域
高分子聚合反应	立体光固化成形（SLA）	工业产品设计开发、创新创意产品生产、精密铸造用蜡模等
	高分子打印（Polymer Printing）	工业设计、产品开发、模型等
	高分子喷射（Polymer Jetting）	工业设计开发、模型等
	数字化光照加工（Digital Lighting Processing，DLP）	医疗、珠宝等
烧结和熔化	选区激光烧结（SLS）	航空航天、医疗、汽车等
	选区激光熔融（SLM）	复杂的小型金属精密零件、金属牙冠、医用植入物等
	电子束熔化（Electron Beam Melting，EBM）	航空航天复杂金属构件、医用植入物等
	激光近净成形（LENS）	高强度金属件加工
黏结沉积	三维打印粘结成形（Three Dimensional Printing and Gluing，3DP）	模型、工业设计等
熔融沉积	熔融沉积成形（FDM）	工业设计、模具、医疗、模型等
层压制造	层压制造（Layer Laminate Manufacturing，LLM）	模型、模具、工业设计等
叠层实体制造	叠层实体制造（LOM）	产品样件、模型或铸造用的木模

2.3.1　立体光固化成形技术

SLA 是最早实用化的快速成形技术。它用特定波长与强度的激光在计算机的控制下，根据预先得到的零件分层截面信息以分层截面轮廓为轨迹连点扫描液态光敏树脂，被扫描区域的树脂薄层发生光聚合反应，从而形成零件的一个薄层截面实体，然后移动工作台，在已固化好的树脂表面再敷上一层新的液态树脂，进行下一层扫描固化，如此重复直至整个零件原型制造完毕，如图 2-7 所示。

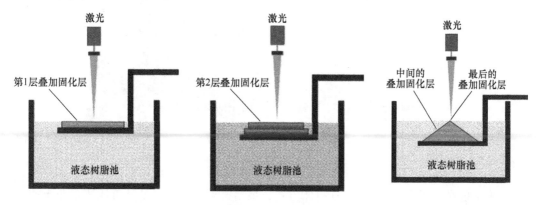

图 2-7　SLA 工艺

SLA 主要用于制造多种模具、模型等，还可以在原料中加入其他成分，用 SLA 原型模代替熔模精密铸造中的蜡模。美国 3D Systems 公司最早推出这种工艺及其相关设备系统。这项技术的特点是成形速度快，精度高，表面粗糙度小；由于树脂固化过程中产生收缩，不可避免地会产生应力或形变；运行成本太高；后处理比较复杂；对操作人员的要求较高；更适合用于验证装配设计过程。SLA 快速成形如图 2-8 所示。

图 2-8　SLA 快速成形

2.3.2　熔融沉积成形技术

FDM 是一种挤出成形技术。先将 FDM 设备的打印头加热，然后使用电加热的方式将丝状材料，如石蜡、金属、塑料和低熔点合金丝等，加热至略高于熔点，打印头依据分层数据路径，将半流动状态的熔丝材料从喷头中挤压出来，凝固成轮廓形状的薄层，一层层叠加后形成整个零件模型。图 2-9 所示为双打印头的 FDM 工艺。

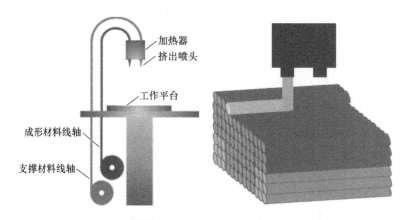

加热器
挤出喷头
工作平台
成形材料线轴
支撑材料线轴

图 2-9　双打印头的 FDM 工艺

FDM 是现在使用最为广泛的 3D 打印方式，采用这种方式的设备既可用于工业生产也面向个人用户。其工艺特点是直接采用工程材料（ABS、PC等）进行制作，材料可以回收，适用于中、小型工件的成形；缺点是表面粗糙度较大。综合来说，这种方式不可能做出像饰品那样的精细造型和光泽效果。FDM打印如图2-10所示。

图2-10　FDM打印

2.3.3　选区激光烧结成形技术

SLS采用CO_2激光作为能源，根据原型的切片模型利用计算机控制激光束进行扫描，有选择性地烧结固体粉末材料以形成零件的一个薄层。一层完成后工作台下降一个层厚，铺粉系统铺上一层新粉，再进行下一层的烧结，层层叠加，全部烧结完成后去掉多余的粉末，再进行打磨、烘干等处理便可得到最终的零件。SLS成形工艺如图2-11所示。需要注意的是，在烧结前工作台要先进行预热，这样可以减少成形中的热变形，也有利于叠加层之间的结合。

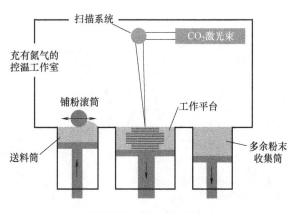

图2-11　SLS成形工艺

与其他快速成形方式相比，SLS最突出的优点是其可使用的成形材料十分广泛，理论上讲，任何加热后能够形成原子间黏结的粉末材料都可以作为其成形材料。目前，可进行SLS成形加工的材料有石蜡、高分子材料、金属、陶瓷粉末以及它们的复合粉末材料，成形材料的多样化使得其应用范围也越来越广泛。SLS成形如图2-12所示。

图 2-12　SLS 成形

2.3.4　选区激光熔融成形技术

SLM 是金属材料增材制造中的一种主要技术途径。该技术与 SLS 类似，选用激光作为能源，按照切片模型中规划好的路径在金属粉末床层进行逐层扫描，扫描过的金属粉末通过熔化、凝固从而达到冶金结合的效果，最终获得所设计的金属零件。

SLS 所用的材料是高熔点金属粉末和低熔点金属粉末或高分子材料的混合粉末。在加工的过程中，低熔点的材料熔化但高熔点的金属粉末不熔化，利用被熔化的材料实现黏结成形，所以最终的实体零件存在孔隙度高、力学性能差等特点。

SLM 则在加工的过程中用激光使粉体完全熔化，不需要黏结剂而直接成形，成形后零件的精度和力学性能都要比 SLS 成形的好。SLM 成形如图 2-13 所示。

图 2-13　SLM 成形

2.3.5 三维打印黏结成形技术

3DP 和平面打印非常相似，甚至连打印头都是直接用平面打印机的打印头。根据打印方式不同，3DP 可分为热爆式三维打印、压电式三维打印和 DLP（数字光处理）投影式三维打印。这里主要介绍常见的热爆式三维打印，它所用的材料与 SLS 类似，也是粉末材料，所不同的是粉末材料并不是通过烧结连接起来的，而是通过喷头喷出黏结剂将零件的截面打印在粉末材料上。

3DP 所用的设备一般有两个箱体，一边是储粉缸，一边是成形缸。工作时，由储粉缸推送出一定分量的成形粉末材料，并用滚筒将推送出的粉末材料在加工平台上铺成薄薄一层（厚度一般为 0.1mm），打印头根据数字模型切片后获得的二维片层信息喷出适量的黏结剂，粘住粉末成形，做完一层，工作平台自动下降一层的厚度，重新铺粉黏结，如此循环便会得到所需的产品，如图 2-14 所示。

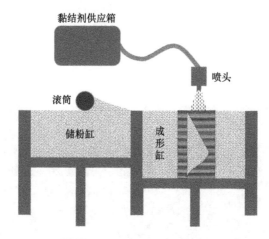

图 2-14　热爆式三维打印工艺

3DP 最大的特点是小型化和易操作性，适用于商业、办公、科研和个人工作室等场合，但其缺点是精度较低，表面粗糙度较大，因此在打印方式上的改进必不可少。例如压电式三维打印也类似于传统的二维喷墨打印，但却可以打印超高精细度的样件，适用于小型精细零件的快速成形，设备更容易维护，表面质量也较好。3DP 成形如图 2-15 所示。

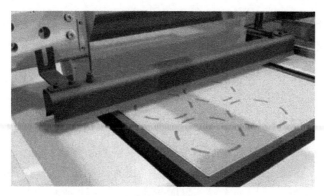

图 2-15　3DP 成形

2.3.6 激光近净成形技术

LENS 采用激光和粉末输送同时工作的原理，使用大功率激光将金属粉末致密地熔融到 3D 基底结构上，从而实现金属 3D 打印。同时，金属粉末以一定的供粉速度送入激光聚焦区域内，快速熔化、凝固，通过点、线、面的层层叠加，最后得到近净形的零件实体，成形件不需要或者只需少量加工即可使用。LENS 可实现金属零件的无模制造，节约大量成本，如图 2-16 所示。

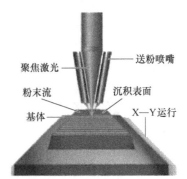

图 2-16 LENS 工艺

（1）优点 LENS 是无须后处理的金属直接成形方法，成形得到的零件组织致密，具有明显的快速熔凝特征，力学性能很高，并可实现非均质和梯度材料零件的制造。

（2）缺点 该工艺成形过程中热应力大，成形件容易开裂，成形件的精度较低；零件形状较简单，且不易制造带悬臂的零件；粉末材料利用率偏低，对于价格昂贵的钛合金粉末和高温合金粉末，制造成本是一个必须考虑的因素。

LENS 成形如图 2-17 所示。

图 2-17 LENS 成形

2.3.7 叠层实体制造技术

LOM 工艺用激光切割系统按照分层模型所获得的物体截面轮廓线数据，用激光束将单面涂有热熔胶的片材切割成所制零件的内外轮廓，切割完一层后，送料机构将新的一层片材叠加上去，利用加热粘压装置将新一层材料和已切割的材料黏结在一起，然后再进行切割，这样反复逐层切割黏结，直至整个零件模型制作完毕（见图 2-18），之后去除多余的部分取出制件即可。

LOM 常用的材料是纸、金属箔、塑料薄膜、陶瓷膜或其他复合材料等，这种方法除了可以制造模具、模型外，还可以直接制造结构件或功能件。LOM 工作可靠，模型支撑性好，成本低，效率高，但是前后处理都比较费时费力，也不能制造中空的结构件，主要用于快速制造新产品样件、模型或铸造用的木模。LOM 成形如图 2-19 所示。

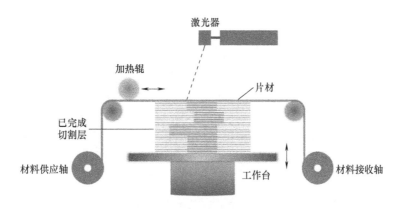

图 2-18　LOM 工艺

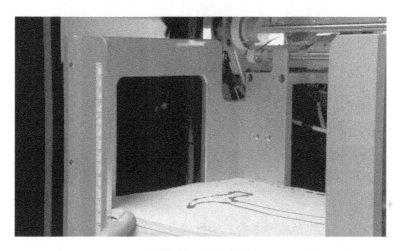

图 2-19　LOM 成形

 2.4 **3D 打印材料及其选用**

　　材料是 3D 打印技术发展的重要物质基础，材料的丰富和发展程度决定着 3D 打印技术是否能够普及使用或有更大发展的关键。材料瓶颈已成为制约 3D 打印技术发展的首要问题。3D 打印材料的使用，受限于打印技术原理和产品应用场合等因素。3D 打印所使用的原材料都是为 3D 打印设备和工艺专门研发的，这些材料与普通材料略有区别，3D 打印中使用的材料形态多为粉末状、丝状、片层状和液体状等。

2.4.1　常用的 3D 打印材料

　　目前，3D 打印材料主要包括工程塑料、光敏树脂、橡胶类材料、金属材料和陶瓷材料等。除此之外，彩色石膏材料、人造骨粉、细胞生物原料以及砂糖等材料也在 3D 打印领域得到了应用。据统计，现有的 3D 打印材料已经超过了 200 种，但相对于现实中多种多样的产品和纷繁复杂的材料，200 多种也还是非常有限的，而工业级的 3D 打印材料更是稀少。

1. 工程塑料

当前应用最广泛的一类 3D 打印材料是工程塑料。工程塑料是指被用作工业零件或外壳材料的工业用塑料，是强度、耐冲击性、耐热性、硬度及抗老化性均优的塑料，常见的有 ABS 材料、PC 材料、PLA（聚乳酸）材料、PMMA（聚甲基丙烯酸甲酯）材料和尼龙材料等。

ABS 材料（见图 2-20）无毒、无味、呈象牙色，具有优良的综合性能，有极好的耐冲击性，尺寸稳定性好，电性能、耐磨性、抗化学药品性、染色性、成形加工和机械加工性能较好。它的正常形变温度超过 90℃，可进行机械加工（如钻孔和攻螺纹）、喷漆和电镀等，是常用的工程塑料之一。它的缺点是热变形温度较低，可燃，耐候性（即耐大气腐蚀的性能）较差。

图 2-20　ABS 材料

ABS 材料是 FDM 工艺中最常使用的打印材料，由于良好的染色性，目前有多种颜色可以选择，这使得打印出的实物省去了上色的步骤。3D 打印使用的 ABS 材料通常做成细丝盘状，通过 3D 打印喷嘴加热溶解成形。ABS 材料是消费级 3D 打印用户最喜爱的打印材料，如打印玩具和创意家居饰品等，如图 2-21 所示。

图 2-21　ABS 材料的 3D 打印

PC 材料是一种无色透明的无定形热塑性材料，如图 2-22 所示。PC 材料无色透明，耐热，抗冲击，阻燃，在普通使用温度内具有良好的力学性能，但耐磨性较差，一些用于易磨损用途的 PC 器件需要对表面进行特殊处理。

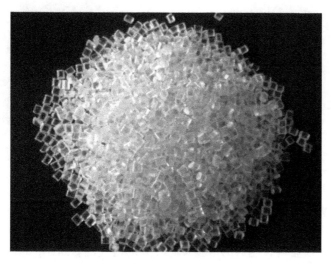

图 2-22 PC 材料

PC 材料是真正的热塑性材料，具备高强度、耐高温、抗冲击、抗弯曲等工程塑料的所有特性，可作为最终零部件材料使用。使用 PC 材料制作的样件，可以直接装配使用。PC 材料的颜色较为单一，只有白色，但其强度比 ABS 材料高出 60% 左右，具备超强的工程材料属性，广泛应用于电子消费品、家电、汽车制造、航空航天和医疗器械等领域。3D 打印的 PC 材料制品如图 2-23 所示。

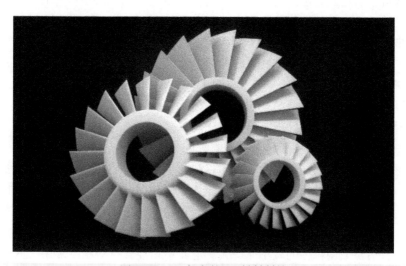

图 2-23 3D 打印的 PC 材料制品

此外，还有 PC-ABS 复合材料（见图 2-24），它也是一种应用广泛的热塑性工程塑料。PC-ABS 复合材料兼具了 ABS 材料的韧性和 PC 材料的高强度及耐热性，大多应用于汽车、家电及通信行业。使用该材料制作的样件强度较高，可以实现真正热塑性部件的生产，可用于概念模型、功能原型、制造工具及最终零部件等。

图 2-24　PC-ABS 复合材料及其产品

PLA 材料是一种可生物降解的材料，它的力学性能及物理性能良好，适用于吹塑、热塑等各种加工方法，加工方便，用途广泛。此外，它还具有较好的相容性及良好的光泽性、透明度、抗拉强度及延展度等，制成的薄膜具有良好的透气性。因此，PLA 材料可以根据不同行业的需求，制成各式各样的应用产品。

PLA 塑料熔丝是另一种常用的 3D 打印材料。相比 ABS 材料，PLA 材料更光亮，加热到 195℃就可以顺畅挤出，ABS 材料需要加热到 220℃才能顺畅挤出，因此 PLA 材料更易使用且更加适合低端的 3D 打印设备。此外，其可降解的特性，使得它在消费级 3D 打印设备生产中成为广受欢迎的一种环保材料。PLA 材料有多种颜色可供选择，而且还有半透明的红、蓝、绿以及全透明的，但通用性不高。

PMMA 材料也就是人们常说的亚克力材料，是由甲基丙烯酸甲酯单体聚合而成的材料。它具有水晶般的透明度，用染料着色又有很好的展色效果。PMMA 材料有良好的加工性能，既可以采用热成形，也可以用机械加工的方式。它的耐磨性接近铝材，稳定性好，能耐多种化学品腐蚀。PMMA 材料具有良好的适印性和喷涂性，采用适当的印刷和喷涂工艺，可赋予 PMMA 制品理想的表面装饰效果。

尼龙材料是一种强大而灵活的工程塑料，在化学上属于聚酰胺类物质，耐冲击性强，耐磨耗性好，耐热性佳，高温条件下不易热劣化。其自然色彩为白色，但很容易上色。尼龙材料在加热后，黏度下降比较快，因此从 3D 打印喷嘴喷出来时，比较容易流动。

此外，尼龙铝粉是 SLS 成形技术的常用材料。尼龙铝粉顾名思义就是在尼龙粉末中掺入一部分铝粉，使打印出的成品具有金属的光泽。当铝粉含量从 0% 增大到 50% 时，所制成品的热变形温度、抗拉强度、抗弯强度、弯曲模量和硬度比单纯尼龙烧结件分别提高了 87℃、10.4%、62.1%、122.3% 和 70.4%。此外，尼龙铝粉烧结件的抗拉强度、断裂伸长率、冲击强度，也随着铝粉平均粒径的减小而增大。尼龙铝粉混合材料制品多用于汽车、家电和电子消费品领域。

2. 光敏树脂

光敏树脂也称为 UV 树脂，由聚合物单体与预聚体组成，其中添加光（紫外光）引发剂（或光敏剂），在一定波长的紫外光照射下能立刻引起聚合反应完成固化。光敏树脂一般为液态，可用于制作高强度、耐高温、防水的产品，如图2-25所示。常见的光敏树脂有Somos 11122材料、Somos 19120材料和环氧树脂。

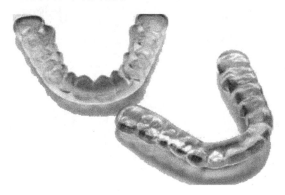

图2-25　光敏树脂打印的产品

1）Somos 11122材料看上去更像是真实透明的塑料，具有优秀的防水和尺寸稳定性，能提供多种类似工程塑料（包括ABS材料和PBT材料在内）的特性，这些特性使它很适合应用在汽车、医疗以及电子类产品等领域。

2）Somos 19120材料为粉红色材质，是一种铸造专用材料，成形后可直接代替精密铸造的蜡膜原型，避免开发模具的风险，大大缩短周期，拥有低残留灰烬和高精度等特点。

3）环氧树脂是一种便于铸造的激光快速成形树脂，其含灰量极低（800℃时的残留含灰量<0.01%），可用于熔融石英和氧化铝高温外壳系统，而且不含重金属锑，可用于制造极其精密的快速铸造型模具。

3. 橡胶类材料

橡胶类材料（见图2-26）具备多种级别弹性材料的特征，这些材料所具备的硬度、断裂伸长率、撕裂强度和抗拉强度，使其非常适合于要求防滑或柔软表面的应用领域。3D打印的橡胶类产品主要有消费类电子产品、医疗设备、汽车内饰、轮胎和垫片等。

4. 金属材料

近年来，金属材料（见图2-27）的3D打印技术发展尤为迅速。3D打印所使用的金属粉末一般要求纯净度高、球形度好、粒径分布窄、氧含量低。目前，应用于3D打印的金属粉末材料主要有钛合金、钴铬合金、不锈钢和铝合金等材料，此外还有用于打印首饰的金、银等贵金属粉末材料。

1）钛合金因具有强度高、耐蚀性好、耐热性高等特点而被广泛用于制作飞机发动机、压气机部件，以及火箭、导弹和飞机的各种结构件。

图2-26　橡胶类材料

2）钴铬合金是一种以钴和铬为主要成分的高温合金，它的耐蚀性能和力学性能都非常优异，用其制作的零部件强度高、耐高温。

图 2-27　金属材料

采用 3D 打印技术制作的钛合金和钴铬合金零部件，强度非常高，尺寸精确，能制作的最小尺寸可达 1mm，而且其力学性能优于锻造工艺制作的同类零部件。钛合金制件如图 2-28 所示。

3）不锈钢以其耐空气、蒸汽、水等弱腐蚀介质和酸、碱、盐等化学侵蚀性介质腐蚀而得到广泛应用。不锈钢粉末是 3D 打印经常使用的一类性价比较高的金属粉末材料。3D 打印的不锈钢模型具有较高的强度，而且适合打印尺寸较大的物品。不锈钢零件如图 2-29 所示。

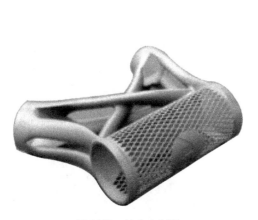

图 2-28　钛合金制件

图 2-29　不锈钢零件

5. 陶瓷材料

陶瓷材料具有高强度、高硬度、耐高温、低密度、化学稳定性好、耐腐蚀等优异特性，在航空航天、汽车、生物等行业有着广泛的应用。但是，陶瓷材料硬而脆的特点，使其加工成形尤为困难，特别是复杂陶瓷件需通过模具来成形，但模具加工成本高、开发周期长，难以满足产品不断更新的需求。使用陶瓷材料 3D 打印的产品如图 2-30 所示。

3D 打印用的陶瓷粉末是陶瓷粉末和某一种黏结剂粉末所组成的混合物，由于黏结剂粉末的熔点较低，激光烧结时只是将黏结剂粉末熔化而使陶瓷粉末黏结在一起。在激光烧结之

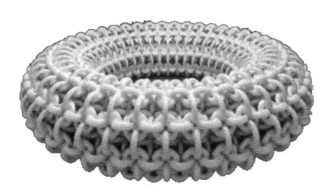

图 2-30 使用陶瓷材料 3D 打印的产品

后，需要将陶瓷制品放入到温控炉中，在较高的温度下进行后处理。陶瓷粉末和黏结剂粉末的配比会影响到陶瓷零部件的性能。黏结剂分量多，烧结比较容易，但在后处理过程中零件收缩比较大，会影响零件的尺寸精度；黏结剂分量少，则不易烧结成形。陶瓷粉末颗粒的表面形貌及原始尺寸对陶瓷材料的烧结性能非常重要，陶瓷粉末的颗粒越小，表面越接近球形，陶瓷层的烧结质量越好。

陶瓷粉末在激光直接快速烧结时液相表面张力大，在快速凝固过程中会产生较大的热应力，从而形成较多微裂纹。目前，陶瓷直接快速成形工艺尚未成熟，国内外正处于研究阶段，还没有实现商品化。

6. 其他 3D 打印材料

除了上面介绍的 3D 打印材料外，目前用到的还有彩色石膏材料、人造骨粉、细胞生物原料以及砂糖等材料。

彩色石膏材料是一种全彩色的 3D 打印材料，是基于石膏的、易碎的、坚固且色彩清晰的材料。基于在粉末介质上逐层打印的成形原理，其 3D 打印成品在后处理完毕后，表面可能出现细微的颗粒效果，外观很像岩石，在曲面表面可能出现细微的年轮状纹理，因此多应用于动漫玩偶等领域。

2.4.2 3D 打印材料的选用

选择适合自己的打印材料时，通常会有以下几个方面的考虑：成本、材料性能（力学性能、化学稳固性）、后处理的成品细节以及特殊应用环境等。除这些因素外，基于制作打印模型的目的，选用打印材料时还应从以下两个方向进行考虑：外观验证和结构验证。

（1）外观验证模型　由工程师设计制作用于验证产品外观的手板模型或直接使用对外观要求高的模型。外观验证模型是可视的、可触摸的，它可以很直观地以实物的形式把设计师的创意反映出来，避免了"画出来好看而做出来不好看"的弊端。外观验证模型制作在新品开发、产品外形推敲的过程中是必不可少的。基于外观验证模型的需求，优先建议选用光敏树脂类 3D 打印（包括类 ABS 树脂和透明 PC 材料）。

（2）结构验证模型　在产品设计过程中从设计方案到量产，一般需要制作模具，模具制造的费用很高，比较大的模具价值数十万乃至几百万元人民币，如果在开模的过程中发现结构不合理或其他问题，其损失是可想而知的。因此，制作结构验证模型能避免这种损失，降低开模风险。基于结构验证模型的需求，对精度和表面质量要求不高的，优先建议选择力学性能较好、价格低廉的材料，比方说 PLA、ABS 等材料。

此外，还有部分特殊要求，例如对导电性有要求，则需要使用金属材料。据了解，当下市场上使用频率最高的 3D 打印材料主要包括塑料（ABS、PLA、尼龙、光敏树脂等）和金属（钢、银、金、钛、铝等）两大类。

2.5 本章小结

本章主要介绍 3D 打印技术的工艺流程及典型成形工艺的原理，并着重介绍常用的 3D 打印材料及如何选择 3D 打印材料。

复习思考题

1. 简述 3D 打印的工艺流程及不同技术类型举例。
2. 试说明 LENS 与 SLM 工艺的区别。
3. 简述 3D 打印材料的分类及性能要求。

第3章

Chapter

3D模型的建模及切片处理

3.1 3D模型的逆向建模

3.1.1 3D扫描数据的获取及处理

1. 数据获取

为适应现代先进制造技术的发展，需要将实物样件或手工模型转化为CAD数据，以便利用快速成形系统、计算机辅助制造（CAM）、产品数据管理（PDM）等先进技术对其进行处理和管理，并进行进一步修改和再设计优化。

随着信息技术的发展，产生了更先进的建模方法，先直接得到真实物体表面的采样点（点云）数据，再利用点云数据重构出任意曲面。这种方法不受曲面复杂程度影响，只要表面采样密度足够就可以达到很高的重构精度。

三维扫描仪是针对三维信息领域的发展而研制开发的计算机信息输入的前端设备。只需对物体进行扫描，就能在计算机上得到实物的三维立体图像。三维扫描仪大体分为接触式三维扫描仪和非接触式三维扫描仪。其中，非接触式三维扫描仪又分为光栅三维扫描仪（拍照式三维扫描仪）和激光扫描仪；而光栅三维扫描仪又分为白光扫描、蓝光扫描等，激光扫描仪又有点激光、线激光、面激光的区别。

（1）非接触式3D扫描数据获取　非接触式测量是以光电、电磁等技术为基础，在不接触被测物体表面的情况下，得到物体表面参数信息的测量方法。非接触式3D扫描数据获取多采用深度映像技术和多传感器技术，并结合非线性求解方法，如图3-1所示。

图 3-1　非接触式扫描

（2）接触式 3D 扫描数据获取　接触式 3D 扫描数据获取的基本原理是使用连接在测量装置上的测头（探针）直接接触被测点，根据测量装置的空间几何结构得到测量坐标。典型的接触式三维扫描仪是三坐标测量机和关节臂测量机（见图 3-2）。

2. 数据处理

数字化测量得到的点云数据不可避免地会存在一些问题，因此需进行数据处理。点云数据的处理包括噪声去除、多视对齐、数据精简和数据分割等。

（1）噪声去除　数据获取的方法虽然多种多样，但是在实际测量过程中受到人为或随机因素的影响，都不可避免地会引入不合理的噪声点，这部分数据占数据总量的 0.11%～5%。为了降低或消除其对后续重构的影响，有必要对测量点云进行滤波，去除噪声点。

图 3-2　关节臂测量机

（2）多视对齐　由于被测物体的尺寸过大或实物几何形状复杂，测量时往往不能一次测出所有数据，需要从不同位置和多视角进行多次测量，再将这些点云进行对齐、拼接。多视对齐的实质是对采自不同坐标系下的点云进行空间变换，以便于空间匹配。

（3）数据精简　自动测量所得到的点云十分密集，存在大量冗余数据，无法直接用于曲面构造。数据的冗余，导致很多无效运算，如果不进行数据精简，会极大地降低几何建模的速度。不同类型的点云可采用不同的精简方式：散乱点云可通过随机采样的方法来精减；对于扫描线点云和多边形点云，可采用等间距缩减、倍率缩减、等量缩减和弦偏差等方法；网格化点云可采用等分布密度法和最小包围区域法进行数据缩减。

（4）数据分割　数据分割是根据组成实物外形曲面的子曲面的类型，将属于同一子曲面类型的数据编成组，这样全部数据将划分成代表不同曲面类型的数据域，为后续的曲面模型重建提供了方便。

3.1.2　3D 扫描数据处理软件

由于 3D 物体复杂多样，测量系统得到的点云数量巨大而且散乱。使用三维扫描仪扫描物体得到 3D 扫描数据后，一般还需要 3D 扫描数据处理软件进行后续处理，来补充或填补一些没有扫描到的点，去掉一些杂质点或多出来的部分，或进行表面光滑处理，从而使得扫描文件更完美。

常用的 3D 扫描数据处理软件有以下几种：

1. PolyWorks

PolyWorks（见图 3-3）能快速和高品质地处理各种各样的三维扫描仪获取的点云数据，继而自动生成多种通用标准格式的数据。

PolyWorks 的主要功能分成两大块：①Modele，即自动建立模型，数据的来源可以是任意一种三维激光扫描仪；②Inspection，即依据具有零误差的 CAD 设计数据和用扫描仪扫描所得的实际物品数据，自动得出生产过程中造成的人为误差报告。

PolyWorks 的主要应用：钣金件检测、冲模虚拟样机、虚拟装配、金属铸造、塑料件检测、指导装配、首件检测、试生产检测、复制冲铣、工装制造、设计和逆向工程、快速虚拟样机、高级可视化和有限元建模。

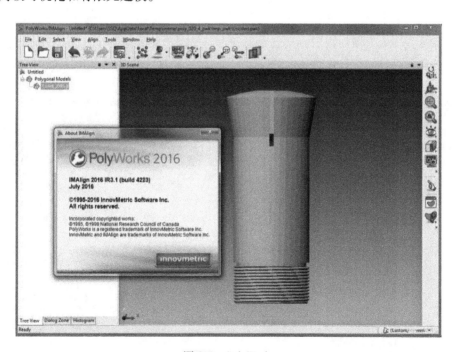

图 3-3　PolyWorks

2. Imageware

Imageware（见图 3-4）因其强大的点云处理能力、曲面编辑能力和 A 级曲面的构建能力而被广泛应用于汽车、航空航天、消费家电、模具、计算机零部件等设计与制造领域。

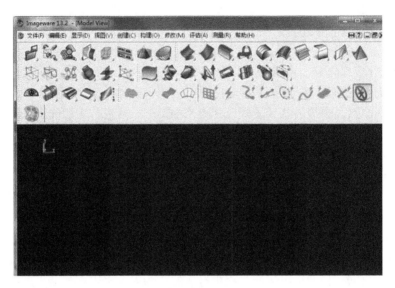

图 3-4　Imageware

3. Geomagic Wrap

Geomagic Wrap（见图 3-5）是 3D 模型数据转换应用工具，其功能强大的工具箱包含了点云和多边形编辑功能以及强大的造面工具，可根据任何实物零部件通过扫描点云自动生成准确的数字模型。从工程到娱乐，从艺术到考古，从制造业到博物馆，各行各业的人们都可以使用 Geomagic Wrap 将扫描数据和 3D 图形文件轻松转换为完美的逆向工程 3D 模型。

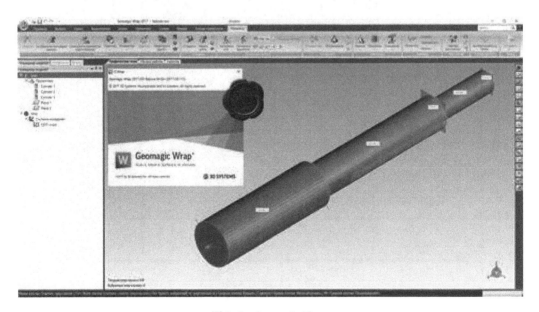

图 3-5　Geomagic Wrap

4. Geomagic Design X

Geomagic Design X（见图 3-6）是一款全面的逆向工程软件，它结合了传统 CAD 与 3D

扫描数据处理的功能，能创建可编辑、基于特征的 CAD 实体模型，并与现有的 CAD 软件兼容。Geomagic Design X 可实现包括提取自动的和导向性的实体模型、将精确的曲面拟合到有机 3D 扫描、编辑面片以及处理点云在内的诸多功能。

图 3-6　Geomagic Design X

5. Rapidform XOR3

　　Rapidform XOR3（见图 3-7）可通过三维扫描仪技术进行尺寸测量以构筑 3D 虚拟模型，且可保证模具的精度与完整度，广泛应用于模具设计、制造行业。它还提供了多点云数据管理界面功能，能够大大减少用户处理数据的时间，提高用户构建模型的效率与质量。

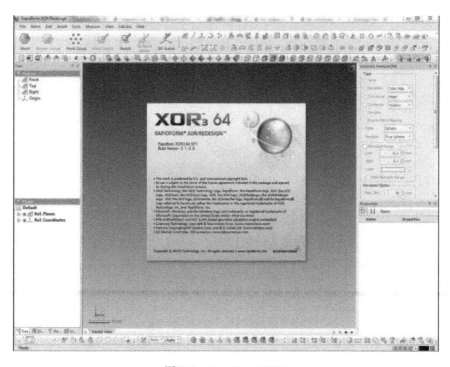

图 3-7　Rapidform XOR3

3.2 3D 模型的正向建模

3.2.1 3D 建模的方法及要点

1. 3D 建模的方法

3D 建模就是在 3D 制作软件的虚拟三维空间中，构建出具有三维特性的数字模型。根据 3D 模型建模方法的不同，可分为 CAD 建模（参数化建模）、CG（Computer Graphics，计算机图形学）建模及其他建模方法。

（1）CAD 建模　CAD 建模主要针对需要参数化建模设计的模型，以参数为建模核心。在模型中，参数可通过"尺寸"的形式来体现，可以使用表达式来控制图形的形状和变化。参数化建模适合用于有苛刻要求和制造标准的模型设计任务（如机械类零件），非常适合需要定期修改的设计，可以修改或更改单个特征（如孔和倒角），其余部分可自动跟随改变。图 3-8 所示为 UG NX10 建模界面。

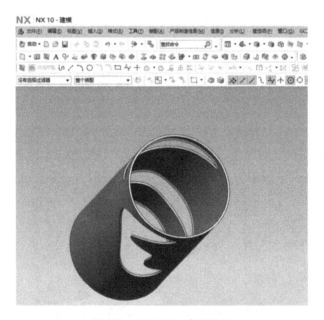

图 3-8　UG NX10 建模界面

（2）CG 建模　CG 建模创建的是几何图形而不是特征，因此它能更好地进行概念构思，而不必束缚于特征及其相关性以及执行更改可能产生的影响。CG 建模的自由度较大，常用于人物模型、动物模型、建筑场景的创建。图 3-9 所示为 Autodesk 3ds max 建模软件。

（3）其他建模方法　除 CAD 建模和 CG 建模外，还有一些其他建模方法。如 Autodesk 公司的 123D Catch 软件，可采用不同角度的模型照片合成出一个 3D 模型。开源 3D 打印切片软件 Cura 可由导入的 bmp、jpg、png 格式图像，生成浮雕效果的模型，并可打印出来浮雕的效果，如图 3-10 所示。

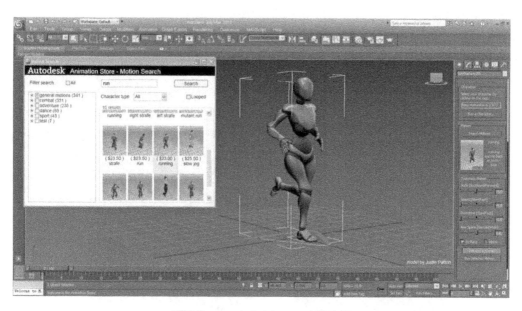

图 3-9 Autodesk 3ds max 建模软件

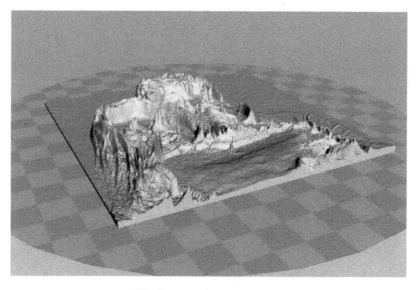

图 3-10 Cura 软件的浮雕模型

　　需要注意的是，由于 STL 文件已经成为图像处理领域的默认工业标准，因此 3D 打印通常采用 STL 文件。所以，在 3D 软件中构建完成 3D 模型后，还需要存储为 STL 文件。此外，3D 打印文件还有 AMF 文件，主要是增加了模型的材质、纹理、颜色等信息，随着彩色 3D 打印的发展，这种文件格式可能会逐步取代 STL 文件。不过，目前 STL 文件仍是 3D 打印的主流格式文件。

2. 3D 建模的要点

　　当设计制作一个用于展示、动画或游戏中的 3D 模型时，通常只注重模型的视觉效果，基本上不需要考虑真实性。绝大多数的场景和物体仅仅包含了可见的网格，物体不需要是相互连接的。

但是，当3D模型采用3D打印方式制作时，情况会有很多的不同。用于3D打印的3D模型在建构过程中需要注意的事项如下：

（1）模型必须为封闭的　这就是通常所说的水密。有时要检查出模型是否存在这种问题是有些困难的，所以需要借助于一些软件的功能，比如3ds max的STL检测（STL Check）功能、Meshmixer的自动检测边界功能。一些模型修复软件当然也是能做的，比如Materialise Magics、Netfabb等。如图3-11所示，图3-11a所示的模型是封闭的，图3-11b所示的模型未封闭，而且可以看到软件标记的边界。

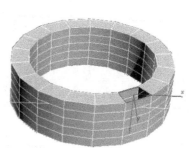

a) 封闭模型，可打印　　　　　　　　b) 未封闭模型，不可打印

图3-11　模型必须为封闭的

（2）模型需要壁厚　CG行业的模型通常都是以面片的形式存在的，但是现实中的模型不存在零壁厚，一定要给模型增加厚度，如图3-12所示。

a) 面片，零厚度　　　　　　　　　b) 实体模型，有厚度

图3-12　模型需要壁厚

各种打印机喷嘴的直径是不同的，打印模型的壁厚应考虑到打印机能打印的最小壁厚，不然，会出现失败或者错误的模型。一般最小厚度为2mm，根据不同的3D打印机而有所变化，如图3-13所示。

（3）模型必须为流形　流形（Manifold）在数学中用于描述几何形体，对于3D打印而言，可以这样理解，如果一个网格数据中存在多个面共享一条边，那么它就是非流形（Nonmanifold）的，如图3-14所示。图中，两个立方体只有一条共同的边，此边为4个面共享。

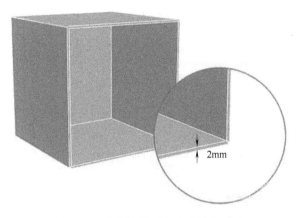

图 3-13　建模物体时应注意最小壁厚

图 3-14　模形必须为流形

（4）正确的法线方向　模型中所有的面法线需要指向一个正确的方向。如果模型中包含了错误的法线方向，则打印机将无法判断出它是模型的内部还是外部，如图 3-15 所示。

（5）模型的最大尺寸　模型的最大尺寸是根据3D 打印机可以打印的最大尺寸而定的。当模型的最大尺寸超过 3D 打印机可打印的最大尺寸时，模型就不能被完整地打印出来。在 Cura 软件中，当模型的尺寸超过了所设置 3D 打印机可打印的最大尺寸时，模型就显示灰色。模型的最大尺寸应根据所使用的3D 打印机而定，如图 3-16 所示。

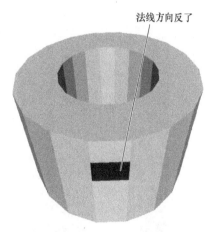

图 3-15　法线的方向应正确

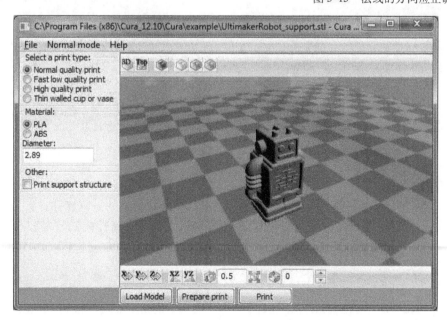

图 3-16　建模时应注意尺寸控制

（6）预留容差度　对于需要组合的模型，需要特别注意预留容差度。一般解决办法是，在需要紧密接合的地方预留 0.8mm 的宽度，在较宽松的地方可预留 1.5mm 的宽度。

3.2.2　常用的 3D 建模软件

目前，3D 建模具体分为 CAD 与 CG 两种方式。CAD 方式主要用于对严格标有尺寸的图像进行建模（即参数化建模），常用的软件有 AutoCAD、UG NX、Creo 等；CG 方式是指对素描等手绘图案进行立体化建模，常用的软件有 Blender、Rhino 等。

以下介绍几款广泛应用的 3D 建模软件。

1. AutoCAD

AutoCAD（Autodesk Computer Aided Design）是 Autodesk（欧特克）公司开发的计算机辅助设计软件，可用于 2D 制图和基本的 3D 设计，现已成为主流的绘图工具。AutoCAD 具有友好的用户界面，通过交互菜单或命令行方式便可以进行各种操作，如图 3-17 所示。

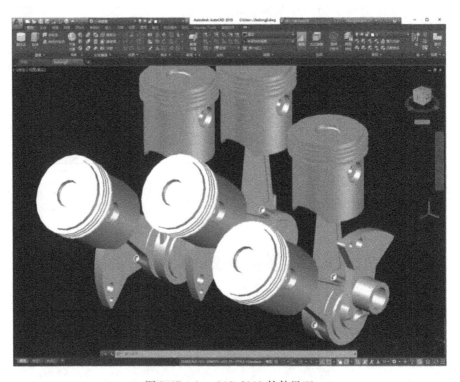

图 3-17　AutoCAD 2019 软件界面

2. UG NX

UG NX（Unigraphics NX）是 Siemens PLM Software 公司出品的一款软件，它为用户的产品设计及加工过程提供了数字化造型和验证手段。UG NX 具有高性能的产品建模、机械设计和制图功能，功能灵活、高效，满足客户设计任何复杂产品的需要。UG NX 1847 软件界面如图 3-18 所示。

3. Creo

Creo 是美国 PTC 公司开发的 3D 软件，包含了 Pro/ENGINEER、CoCreate 和 ProductView

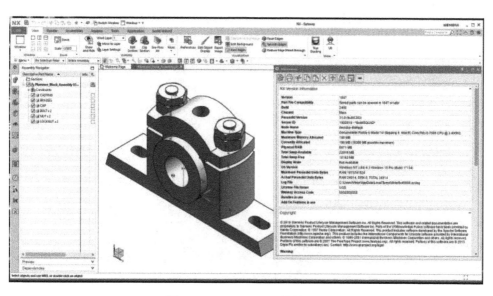

图 3-18　UG NX 1847 软件界面

三大软件的全部功能。Creo 7.0（见图 3-19）在创成式设计、实时仿真、多体设计和增材制造等领域都有新的突破，能高效、精确和直观地将产品从概念变为数字模型。

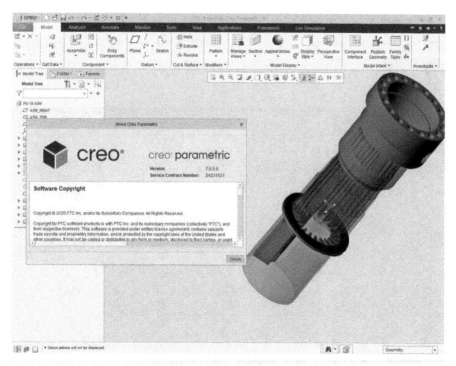

图 3-19　Creo 7.0 软件界面

4. SolidWorks

SolidWorks（见图 3-20）为达索公司的软件产品，其功能强大，组件繁多。SolidWorks

能够提供不同的设计方案，减少设计过程中的错误以及提高产品质量。SolidWorks 设计直观、易操作，可使用独有的拖拽功能在比较短的时间内完成大型装配设计。

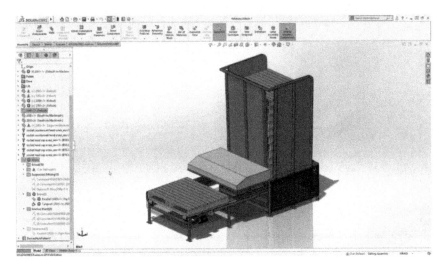

图 3-20　SolidWorks 2019 软件界面

5. Blender

Blender 是一款开源的跨平台全能 3D 动画制作软件，提供从建模、动画、材质、渲染到音频处理、视频剪辑等一系列动画短片制作解决方案，完整集成的创作套件，提供了全面的 3D 创作工具，包括建模、UV 映射、贴图、绑定、蒙皮、动画、粒子和其他系统的物理学模拟、脚本控制、渲染、运动跟踪、合成、后期处理和游戏制作。Blender 2.8 软件界面如图 3-21 所示。

图 3-21　Blender 2.8 软件界面

6. 3ds max

3ds max（见图 3-22）是 Autodesk 公司开发的 3D 建模、动画、渲染和可视化软件，广泛应用于影视、工业设计、建筑设计、游戏、辅助教学等领域。3ds Max 软件可以快速生成专业品质的 3D 动画、渲染和模型，其高效灵活的工具集可帮助用户在更短的时间内创建更好的 3D 内容。

图 3-22　3ds max 2020 软件界面

7. Rhino

Rhino 是美国 Robert McNeel & Associates 开发的强大的专业 3D 造型软件，可以广泛应用于 3D 动画制作、工业制造、科学研究以及机械设计等领域。它能轻易整合 3ds max 的模型功能部分，对要求精细、弹性与复杂的 3D NURBS 模型有很好的优化效果，并能输出 obj、DXF、IGES、STL、3dm 等不同格式，适用于几乎所有 3D 软件，尤其对增加整个 3D 工作团队的模型生产力有明显效果。Rhino 5.0 软件界面如图 3-23 所示。

图 3-23　Rhino 5.0 软件界面

57

8. Maya

Maya 是 Autodesk 旗下的著名 3D 建模和动画软件。Maya 可以大大提高电影、电视、游戏等领域开发、设计、创作的工作流效率，同时改善了多边形建模，通过新的运算法则提高了性能，多线程支持可以充分利用多核心处理器的优势。Maya 2019 软件界面如图 3-24 所示。

图 3-24　Maya 2019 软件界面

9. SketchUp

SketchUp 又名"草图大师"，是一款可用于创建、共享和展示 3D 模型的软件，如图 3-25 所示。它是平面建模，通过一个使用简单、内容详尽的颜色、线条和文本提示指导系统，让人们不必键入坐标就能跟踪位置和完成相关建模操作。通过该软件人们可以完成建筑、风景、室内、城市、图形、环境设计，以及土木、机械和结构工程设计。

图 3-25　SketchUp 2019 软件界面

10. 中望 3D

中望 3D 是一款国产软件，隶属中望公司，是拥有全球自主知识产权的高性价比的高端 3D CAD/CAM 一体化软件，为客户提供了从产品设计、模具设计到 CAM 加工的一体化解决方案，拥有独特的 Overdrive 混合建模内核，支持 A 级曲面。其界面如图 3-26 所示。

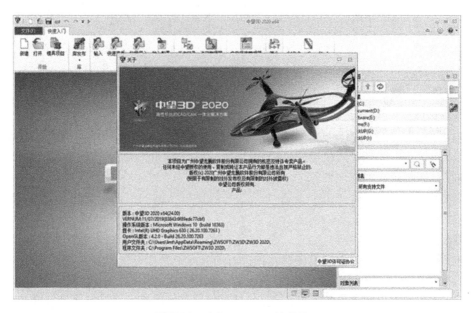

图 3-26　中望 3D 2020 软件界面

此外，市场上还有许多优秀的建模软件，如 VRoid Studio、Modo、Silo、Makers Empire 3D 等。

3.3　模型数据的切片处理

3.3.1　切片处理要求

3D 打印切片就是对 3D 模型数据处理过程的简称。可以简单认为 3D 打印机就是一台数控机床，3D 软件导出的格式文件需要再导入专业的切片软件处理后，才能将图形数据转换成机器能识别的代码格式。切片就是将 3ds Max 等绘图工具产生的图形数据，以层为单位，转换成打印机头移动位置数据。3D 打印机的输入文件，其实就是描述打印头位移方式的文件。

3D 模型能否打印成功，很大程度上取决于切片的好坏。切片软件的主要作用是将模型分层切片，也就是把一个模型沿 Z 轴方向顺序分成若干个截面，根据模型形状生成不同的路径，从而生成整个 3D 模型的 GCode（G 代码）文件。最后，3D 打印设备根据指令堆叠，形成一个立体的实物模型。

知道了切片软件的工作原理，下面介绍一下影响切片质量的参数设置。

1. 层高

层高可以被视为 3D 打印中的"分辨率"，是指每层耗材的高度。如果每层的高度很小，那么将会打印出表面平滑的成品，但这也有一个缺点：将消耗更多的时间。如果把层高数值调得较大，将会形成粗糙的表面，从而使层次感得到提升，这种做法有利于提升打印速度，比较适用于不要求细节的模型。如果想打印具有细节的模型，建议采用较薄层（层高值较小）进行打印。

2. 外壳厚度

调整外壳厚度将会影响成品强度。通过增加外壳厚度，3D 打印机将可以打印出更厚、更结实的外壳。

3. 填充密度

填充密度是指模型外壳内的空间密度，该参数通常用"%"做单位。如果设置为 100% 填充，那么该模型内部将被完全填充。填充比例越高，物体的强度、质量也会一同增加，同时也会增加打印时间和耗材损耗。

通常情况下，填充密度在 10%~20%，如果需要更坚固的产品，也可以选择 75% 以上的填充密度。

4. 打印速度

打印速度是指打印头正常挤出耗材并行进时的速度，最佳设置就是在挤出速度和移动速度之间寻找最佳平衡点，这里涉及耗材、层数、温度等多个因素。如果单一地追求打印速度，会导致最终模型出现垂丝等杂乱现象，而较慢的打印速度可以实现高质量的打印效果，一般推荐的打印速度是 40~60mm/s。在打印过程中，也可以根据需求随时改变打印速度。

5. 支撑

如图 3-27 所示，当打印模型的斜面与垂直夹角超过 45°时，打印机挤出的耗材无法正常平铺在原有层面中，会导致模型出现外表粗糙、垂丝等现象，需要通过添加支撑来获得高质量的模型。常见的支撑类型有树状、网格等多种形状，用户可以根据自己的需求进行选择。

图 3-27　模型夹角超过 45°时需要添加支撑

6. 首层粘连

部分用户在进行 3D 打印时，会发现第一层打印层无法有效地贴在平台上，这种情况通常是由于平台的附着力不够引起的。在切片软件中，可以通过两个设置来增加耗材对平台的附着力。

1）底层边缘：在模型底部的边缘增加一层打印层，可减少底面边角的卷曲变形，在打印后也比较容易去除。

2）底板支架：在物体下打印单独的一层支架，支架会改善物体底面的结合状况，但打印后移除支架会影响底面的打印质量。

7. 初始层厚度

初始层厚度是指 3D 打印机在平台上打印的第一层的厚度。如果想给模型一个更坚固的打印底座，可以增加初始层的厚度。通常，切片软件中默认的初始层厚度在 0.3～0.5mm，在这个数值下可以较为快速地构建坚固的底座，并且会很稳定地贴在平台上。

对 3D 打印切片软件进行正确的参数设置，将有效提升 3D 打印机打印模型的成功率。这就是为什么必须了解切片软件的工作原理以及每个参数设置，它们将影响模型的最终成形。

3.3.2　切片处理软件

目前，市场上应用较多的 3D 打印切片软件有 Cura、Repetier-Host、Slic3r、Magics、Simplify3D、Makerware 和 XBuilder 等。

1. Cura

Cura 是由 Ultimaker 开发的切片软件，Cure 切片软件简单、易学，且是开源免费软件。其界面的功能分布是比较清晰明确的，工具栏统一在左侧，右侧是模型显示界面，如图 3-28 所示。

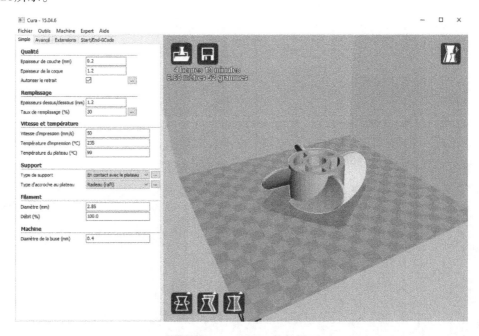

图 3-28　Cura 15.04 软件界面

Cura 目前汉化版本较多，比较容易上手。国内还有许多厂商基于开源软件二次开发的 Cura 软件。

2. Repetier-Host

Repetier-Host 功能丰富，界面友好，是一个应用广泛的 3D 打印软件。用户可以在此软件上设计模型，并使用相应的 3D 打印机进行快速打印。

Repetier-Host 可将生成的 G 代码以及打印机操作界面集成到一起，另外还可以调用外部生成的 G 代码配置文件，很适合初学者使用，尤其是手动控制的操作界面，用户可以很方便地实时控制打印机。Repetier-Host 软件界面如图 3-29 所示。

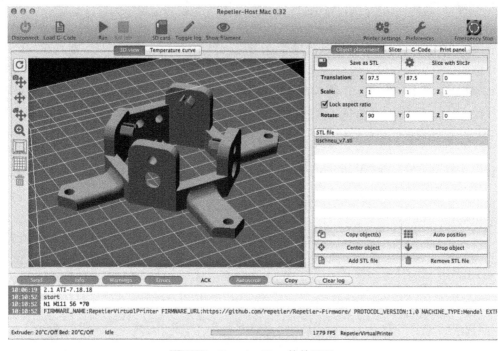

图 3-29　Repetier-Host 软件界面

3. Slic3r

Slic3r 是一款可将 STL 文件转化成 G 代码文件的开源软件，操作简单，界面简洁，几乎支持市面上所有的 3D 打印机，具有可定制打印平台的形状、增量式实时切片、参数配置灵活等特点，其界面如图 3-30 所示。

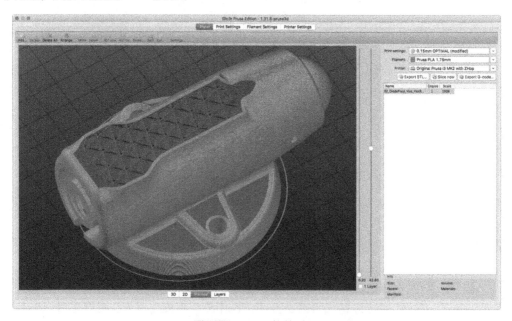

图 3-30　Slic3r 软件界面

4. Magics

Magics 是由 Materialise 公司推出的一款专业快速成形辅助设计软件，可以方便用户对 STL 文件进行测量、处理等操作。对于处理 STL 文件的工作，Magics 是理想的、完美的软件解决方案，是非常优秀的 STL 模型编辑、修复、生成和导出软件。此外，Magics 还自带 3D 打印功能以及切片功能。Magics 软件界面如图 3-31 所示。

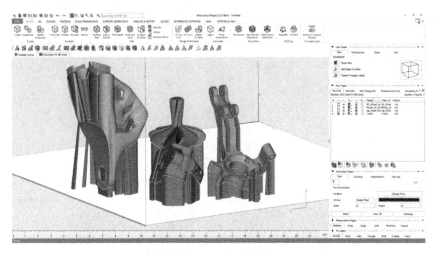

图 3-31　Magics 软件界面

5. Simplify3D

Simplify3D 是德国 3D 打印公司 German RepRap 推出的一款全功能打印软件，支持导入不同类型的文件，可缩放 3D 模型、修复模型代码、创建 G 代码并管理 3D 打印过程。Simplify3D 软件界面如图 3-32 所示。

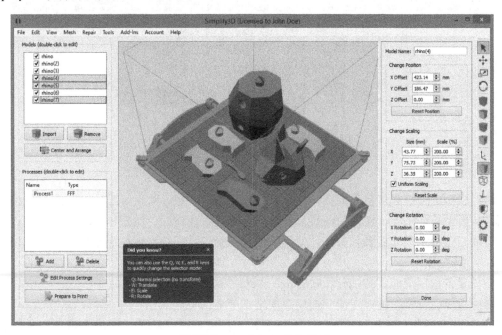

图 3-32　Simplify3D 软件界面

6. Makerware

Makerware 是 MakerBot 公司推出的一款专用切片软件。Makerware 界面设计美观，软件优化完善，键位设计合理，使用流畅，转码速度迅速且稳定，其界面如图 3-33 所示。

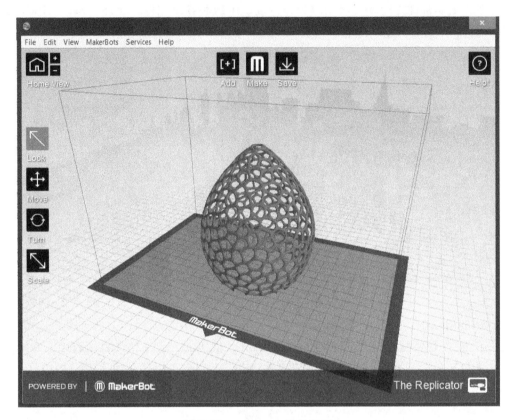

图 3-33　Makerware 软件界面

3.4　3D 模型逆向建模案例：工艺品

3.4.1　案例描述

玩偶模型大力神杯工艺品如图 3-34 所示，其主要用途是观赏、把玩，故外观质量要求较高。从模型特征来看，样件曲面特征较多，且多为自由曲面，给造型带来一定难度。根据模型特征，选择采用非接触式扫描，使用桌面式扫描仪，扫描精度能满足使用要求。

1. 扫描设备

扫描设备选用桌面式扫描仪 EinScan-S（见图 3-35），其配备双扫描模式——全自动扫描和自由扫描，具有扫描速度快、扫描数据精细度高的特点。

EinScan-S 采用白光扫描技术，安全可靠；扫描软件简单易用，输出完整 STL 模型，可无缝对接 3D 打印机。

图 3-34　大力神杯工艺品　　　　　　　图 3-35　桌面式扫描仪 EinScan-S

2. 数据处理软件

数据处理软件选用 Geomagic Design X，主要是对获取的 3D 扫描数据（包括点云或多边形，可以是完整的或不完整的）进行处理，生成面片，再对面片进行领域划分，依据划分的领域重建 CAD 模型或拟合 NURBS 曲面来逼近还原实体模型，最后输出CAD 模型。

整个建模操作过程主要包括点阶段、多边形阶段、领域划分阶段和模型重建阶段。

（1）点阶段　此阶段主要是对点云进行预处理，包括删除杂点、点云采样等操作，从而得到一组整齐、精简的点云数据。

（2）多边形阶段　此阶段的主要目的是对多边形网格数据进行表面光顺与优化处理，以获得光顺、完整的多边形模型。

（3）领域划分阶段　此阶段是根据扫描数据的曲率和特征将面片分为相应的几何领域，得到经过领域划分后的面片数据，为后续模型重建提供参考。

（4）模型重建　此阶段可分为两个流程，即精确曲面阶段和实体建模阶段。精确曲面阶段的主要目的是进行规则的网格划分，通过对各网格曲面片的拟合和拼接，拟合出光顺的NURBS 曲面。实体建模阶段的主要目的是以划分的面片数据为参考建立截面草图，再通过旋转、拉伸等正向建模方法重建实体模型。

3.4.2　扫描数据采集

1）扫描设备标定。扫描前需要先进行数据标定，若无标定数据，软件会提示"没有标定数据，请先进行标定"。数据标定操作为全程自动引导，在此不展开介绍。标定界面如图 3-36 所示。

2）将大力神杯工艺品放置在转台上，调整好设备与物体之间的工作距离（一般为 290 ～480mm），如图 3-37 所示，投影出的十字在扫描物体上清晰时为最佳扫描距离。

3）打开桌面式扫描仪 EinScan-S 的配套扫描软件，选择设备为 "EinScan-S"，选择扫描模式为 "转台扫描" 后单击 "下一步" 按钮，如图 3-38 所示。

65

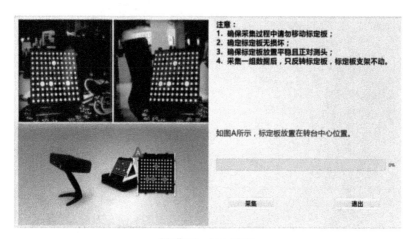

图 3-36　标定界面

图 3-37　摆放工艺品模型

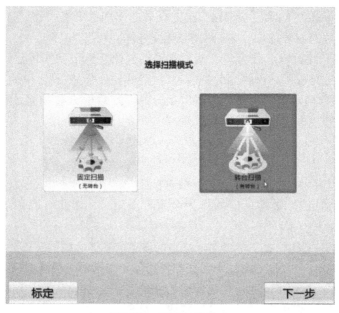

图 3-38　选择扫描模式

4）单击"新建工程"后输入工程名，如图3-39所示。

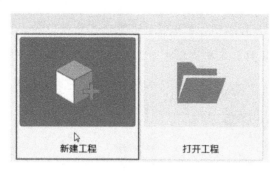

图 3-39　新建工程

5）选择"非纹理扫描"并选择亮度为最亮，单击"应用"按钮，如图3-40所示。

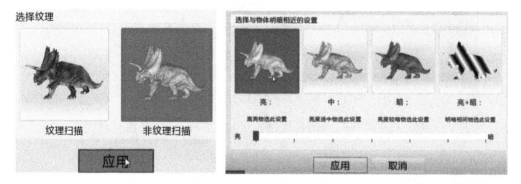

图 3-40　选择纹理及亮度

6）扫描次数选择默认值，即8次。单击"扫描"按钮 ▶ 开始扫描，扫描过程中不要移动物体和设备，如图3-41所示。

图 3-41　扫描过程

7）扫描结束后的界面如图 3-42 所示，屏幕下方出现一组编辑工具，这 4 个工具从左到右分别为：①撤销选择；②反选；③删除选中；④撤销删除。每次扫描得到一组数据，可对当前扫描得到的单组数据进行编辑，可删除数据多余部分或杂点。数据和标志点均可进行编辑。单击右下方的按钮 ✔ 保存扫描数据。

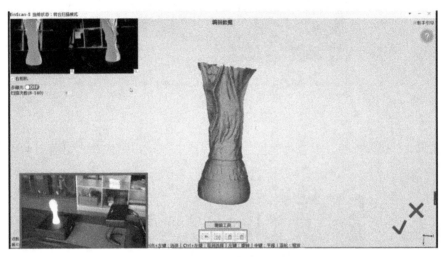

图 3-42　保存单组扫描数据

8）为了能扫描到大力神杯的头部和底部，可将大力神杯平放在转台上，如图 3-43 所示。单击"扫描"按钮 ▶ 继续扫描。

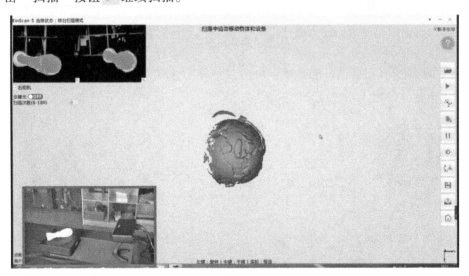

图 3-43　调整大力神杯在转台上的摆放方位

9）扫描结束后单击界面右下方的按钮 ✔，两组扫描数据会自动拼接在一起，如图 3-44 所示。

10）数据扫描完成后，检查扫描细节，确认后单击"封装"按钮 🖌 可对数据进行封装处理。这里选择"封闭模型"，然后选择"中细节"，软件会显示数据封装进度，如图 3-45 所示。

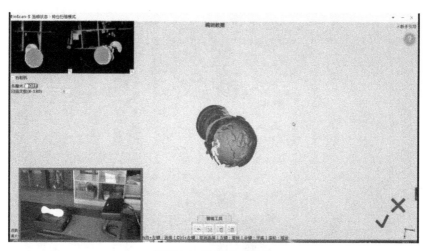

图3-44　数据自动拼接

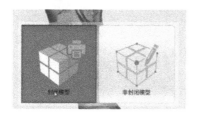

a) 选择"封闭模型"

b) 选择"中细节"

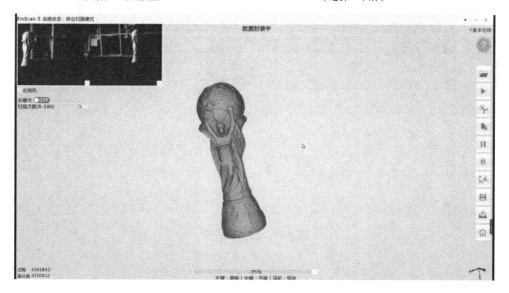

c) 数据封装界面

图3-45　数据封装操作过程

11）封装结束后会出现数据后处理对话框，可对数据进行简化、平滑和锐化等操作。这里不对数据进行简化，100%保存数据，直接单击"应用"按钮，如图3-46所示。

12）开始数据后处理，如图3-47所示。后处理结束后，保存模型数据为STL文件，如图3-48所示。

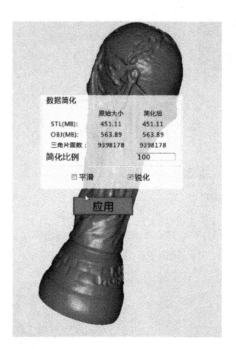

图 3-46　数据后处理对话框

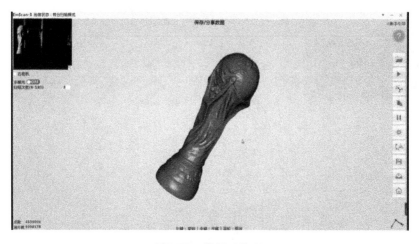

图 3-47　数据后处理

3.4.3　扫描数据后处理

1）将扫描得到的点云数据导入 Geomagic Design X 软件，如图 3-49 所示。

2）坐标系对齐，重新定位模型的坐标系，创建底面平面和模型的圆柱中心线，使用创建的平面和直线通过手动对齐操作，调整模型坐标方向，如图 3-50 所示。这里只需要调整模型的 Z 轴方向即可。

3）点云数据处理。首先选择"消减"命令对点云数据进行简化处理，如图 3-51 所示。单击"多边形"标签中的"消减"命令，弹出"消减"对话框，设置"消减率"为 50%，

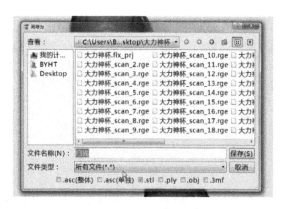

图 3-48　另存为 STL 文件

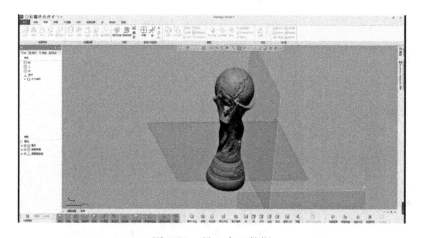

图 3-49　导入点云数据

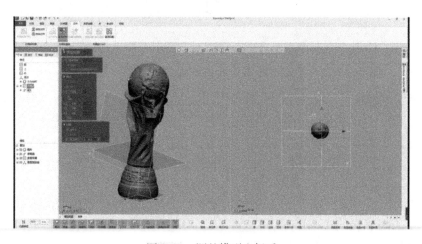

图 3-50　调整模型坐标系

将"高曲率领域的分辨率"调至较高，然后单击"OK"按钮。

4）完成消减操作后，再选择"面片的优化"命令，软件会根据面片的特征形状重新优

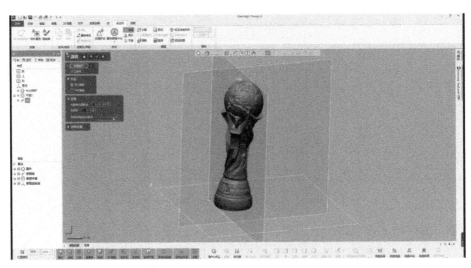

图3-51 消减模型点云数据

化及划分网格面片，如图3-52所示。

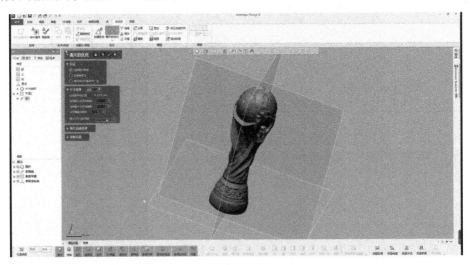

图3-52 面片的优化处理

5）通过"加强形状"命令，锐化面片上的尖锐区域（棱角），同时平滑平面或圆柱面区域，用以提高面片的质量，凸显模型的细节特征，如图3-53所示。

6）通过上述操作后，模型数据处理已基本完成。针对模型的个别突起等缺陷，需要通过手动修改，可使用"删除特征"命令进行改善，删除有缺陷的点云数据，如图3-54所示。

7）模型曲面的创建。使用"自动曲面创建"命令，进行模型曲面的创建，如图3-55所示，参数选用默认值。

8）完成曲面创建后，检测模型曲面状况。模型曲面创建完成后，软件会形成实体数据，创建的效果如图3-56所示。

9）实体的输出。右键单击"实体"命令，在弹出的快捷菜单中选择"输出…"命令，

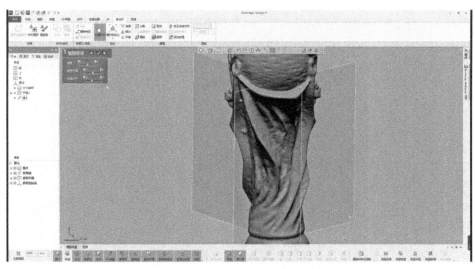

图 3-53 加强形状操作

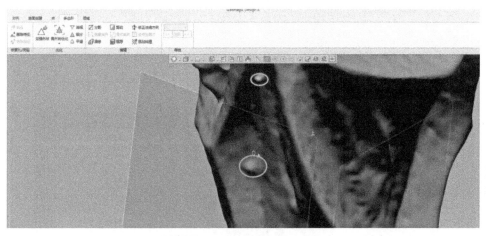

图 3-54 删除有缺陷的点云数据

图 3-55 自动曲面创建

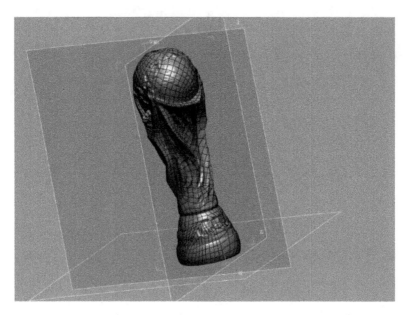

图 3-56　创建的效果

将实体数据输出为 *.x_t 格式的文件，如图 3-57 所示。

图 3-57　完成创建，输出文件

3.4.4　模型的切片处理

　　大力神杯工艺品模型的切片处理选用切片软件 BoSheng Slicer，下面主要介绍切片处理的操作步骤。

　　1）将 Geomagic Design X 软件处理完成的模型数据导入到切片软件 BoSheng Slicer 中，如图 3-58 所示。

　　2）设置切片参数，包括打印设置和材料设置。层高一般设置为 0.2mm，其他参数如图 3-59 所示。

　　根据打印材料，材料直径设置为 1.75mm，打印温度设置为 200℃。

图 3-58　导入模型数据

a) 速度和质量

b) 结构

图 3-59　切片参数设置

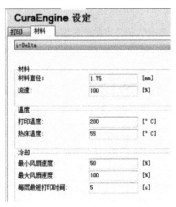

c) 材料

图 3-59　切片参数设置（续）

3）设置完成后，即可开始对模型进行切片处理，如图 3-60 所示。切片完成后显示打印统计，预测打印时间为"6 小时 11 分 25 秒"。检测后可以单击"Save to File"命令保存为 G 代码文件，用于后续的 3D 打印成形操作。

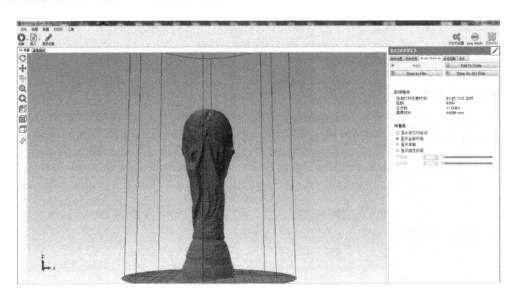

图 3-60　切片处理效果

3.5　本章小结

本章介绍了 3D 模型逆向建模方式中 3D 扫描数据的获取、3D 扫描数据处理软件，3D 模型正向建模的方法及要点，常用的 3D 建模软件，以及 3D 模型的切片处理要求及软件，最后通过案例详细介绍模型数据创建的相关内容。

复习思考题

1. 为什么需要使用三维扫描仪获取数据？
2. 列举 3D 模型建模的注意要点。
3. 为什么 3D 模型需要进行切片处理？
4. 列举常用的 3D 模型切片处理软件。

第**4**章

Chapter

FDM实例：风扇下盖

4.1 案例描述

　　FDM 是熔融沉积成形工艺。与其他类型的 3D 打印机相比，使用 FDM 技术的 3D 打印机具有体积小、成本低、操作简单等特点，是桌面级 3D 打印机中最为常见的一种类型。

　　桌面级 3D 打印机体积小巧，可以放在办公桌上打印立体实物模型。可以通过桌面级 3D 打印机进行 DIY 设计，制作各式各样的 3D 模型，为生活增添快乐。

　　本次 FDM 实例制作，选择了计算机中的风扇下盖（见图 4-1），其零件功能比较简单，主要作用是保护风扇。从外观上看，下盖结构简单，适合使用 FDM 制作。

图 4-1　计算机中的风扇下盖

4.2　成形工艺解析

FDM 由美国人斯科特·克伦普于 1988 年研制成功。FDM 的材料一般是热塑性材料，如蜡、ABS、尼龙等，以丝状供料，材料在喷头内被加热熔化。喷头沿零件截面轮廓和填充轨迹运动，同时将熔化的材料挤出，材料迅速凝固，并与周围的材料凝结。

FDM 技术作为应用最为广泛的 3D 打印技术，其原理简单、易操作。FDM 一般采用低熔点丝状材料，但也正是这种方式使得成形产品的一些特定性能（比如硬度、韧性等）并不能满足需求。因此，针对材料方面的研究主要是在改善现有材料性能的同时寻找或研发更好的材料，比如前文提到的 PC-ABS 材料，就是在原有材料的基础上做出了改善。

FDM 的优点：

1）由于热熔挤压头系统的构造原理和操作简单，维护成本低，系统运行安全。

2）成形速度快。用熔融沉积方法生产出来的产品，不需要 SLA 中的刮板再加工这一道工序。

3）可以成形任意复杂程度的零件，常用于成形具有很复杂的内腔、孔等的零件。

4）原材料在成形过程中无化学变化，制件的翘曲变形小。

5）原材料利用率高，且材料寿命长。

FDM 的缺点：

1）成形件的表面有较明显的条纹，较粗糙，不适合高精度精细小零件的制作。

2）沿成形轴垂直方向的强度比较弱。

3）需要设计与制作支撑结构，且支撑去除相对麻烦。

 4.3　成形设备简介

本案例使用太尔时代 UP Plus2 型 3D 打印机（见图 4-2）制作。该打印机是 XYZ 结构，特点是用平台实现 Y 轴、Z 轴方向移动。其结构简单，组装和维修都比较容易，但打印精度和稳定性不高。

图 4-2　太尔时代 UP Plus2 型 3D 打印机

4.4 数据处理

本实例采用的是 3D 打印机的配套数据处理软件 UP!（新版软件已更名为 UP Studio，特此说明）。该软件简单易懂且功能丰富，可自动生成支撑以提高打印成功率，全自动校准打印平台和喷嘴高度，并支持 3D 模型自动检测与修复。

4.4.1 数据载入

单击软件工具栏上的"打开"按钮 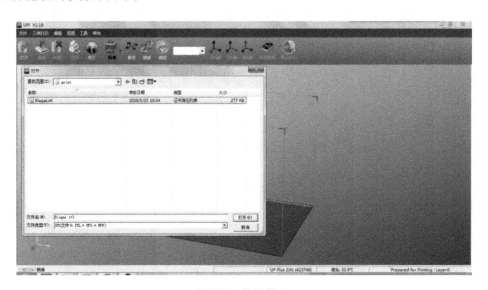，弹出对话框，根据文件路径选择要打印的 3D 模型"Xiagai. stl"，单击"打开"载入风扇下盖模型，如图 4-3 所示。也可以直接将模型的 STL 文件拖动到软件界面中。

图 4-3　数据载入

4.4.2 零件摆放

导入数据检查无误后，开始摆放零件。单击"自动布局"按钮 ，软件自动调整模型至默认最佳打印位置。

打开 3D 模型后，首先分析模型的大小及结构。本例中的模型是一个正方体加圆柱体的零件。考虑支撑结构的稳定性和最大可能节省的支撑材料，选择在正中位置摆放，开口向上，以较平缓的底部连接支撑，如图 4-4 所示。

零件在图 4-4a 所示位置时，镂空部分在打印时需要添加支撑来保证零件的成形，这不但会增加打印材料及时间，而且圆弧表面的纹理较差会影响外观；零件在图 4-4b 所示位置时，由于顶部朝下，底部及四周的悬空部分也需要增加支撑来保证零件成形；零件在图 4-4c 所示位置时，则会超出打印机的有效成形范围，这时可通过工具栏的"移动"及

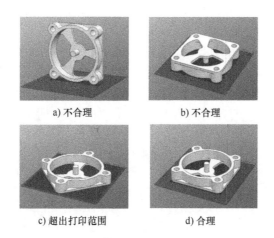

a) 不合理　　　　　　b) 不合理

c) 超出打印范围　　　　　d) 合理

图 4-4　零件摆放

"旋转"命令调整 3D 模型的打印位置、角度和方向。

4.4.3　切片处理及参数设置

在打印模型前，需要对 3D 打印的成形参数进行设置，此时要综合考虑零件的摆放方式、强度、外观质量及打印时间等因素。本例选用"0.25mm"层片厚度（即层高）、"Hollow"（中空）填充方式及"Fast"（快速）质量，能满足本项目的零件要求且打印时间也大大减少。

1）在工具栏中单击"三维打印"，在弹出的下拉菜单栏中单击"设置"，弹出打印参数设置对话框，如图 4-5 所示。

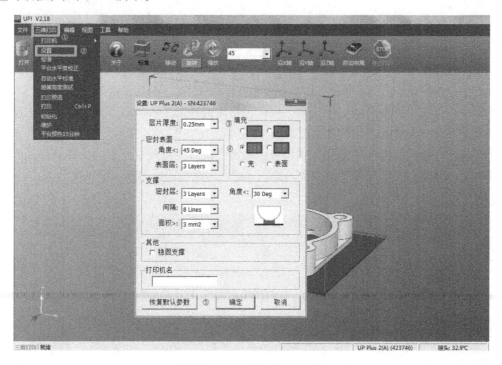

图 4-5　打印参数设置对话框

2）设置打印参数如下："层片厚度"设置为0.25mm，"填充"选择第3种模式（Hollow）。单击"确定"按钮完成参数设置。

3）在工具栏中单击"三维打印"，在弹出的下拉菜单栏中单击"打印预览"，弹出"打印预览"对话框，选择质量为"Fast"后单击"确定"按钮，系统自动对3D模型进行分层和增加支撑结构，分层完毕后弹出打印信息预算框。由打印信息预算可知，该模型3D打印成形需使用丝材45.2g，打印时间为1h 41min，如图4-6所示。

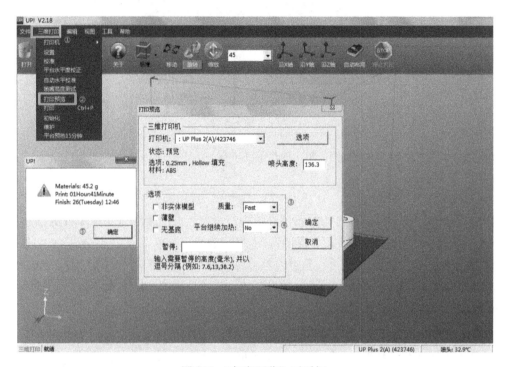

图4-6 "打印预览"对话框

4）确认参数无误后，单击打印信息预算框中的"确定"按钮，退出打印预览。

本例中，风扇下盖模型的支撑只是工作平台接触的外部平台的附着式支撑。增加这种支撑的目的是在工作平台和零件的底层之间建立缓冲层（又称为"基底"），使零件制作完成后便于剥离工作平台。此外，基础支撑还可以给制造过程提供一个基准面，在支撑基础上进行实体制造，自下而上层层叠加形成3D实体，这样可以保证实体制造的精度和品质。

 4.5 快速成形

4.5.1 打印前的准备

1. 打印机初始化

在工具栏中单击"三维打印"，在弹出的下拉菜单栏中单击"初始化"，初始化打印机，如图4-7所示。以打印机X、Y、Z轴上的限位开关作为坐标基准的参考点，打印喷嘴及工作台先后移动到限位开关，机器将发出"哔哔"声，说明打印机初始化完成，然后再返回到初始位置。

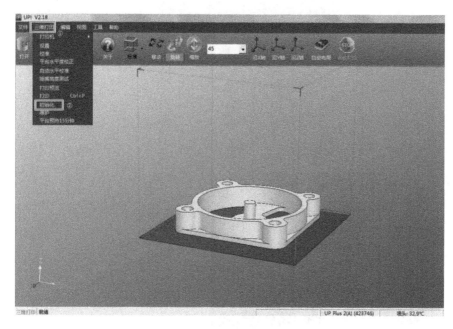

图4-7 3D打印机初始化操作

2. 喷嘴高度测试

1）清理喷嘴上的废料，并使用3D打印机配套的传感器导线，把打印机背部基座和工作台传感器插口连接上，如图4-8所示。

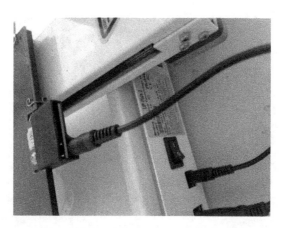

图4-8 连接高度测试传感器

2）在工具栏中单击"三维打印"，在弹出的下拉菜单栏中单击"喷嘴高度测试"，如图4-9所示。

此时工作台上升，喷嘴将移动到工作台的高度测试传感器上（见图4-9），喷嘴将弹片下压至接触点后，在软件弹出的基板类型选择界面中选择已安装在工作台上的基板类型，软

图4-9　喷嘴高度测试

件弹出喷嘴高度测试数值，单击"确定"按钮，X、Y、Z轴将进行复位，工作台停留在80mm高度，3D打印机完成喷嘴的高度测试，等待下一步的平台水平度校正。

3. 打印机平台水平度校正

1）在工具栏中单击"三维打印"，在弹出的下拉菜单栏中单击"平台水平度校正"，弹出参数设置对话框，如图4-10所示。

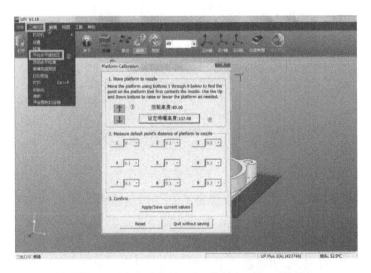

图4-10　"平台水平度校正"对话框（第1项可调）

2）单击按钮  使工作台上升，将"当前高度"的值调整到比"设定喷嘴高度"的值低 0.5 ~ 1mm 后，观察喷嘴与基板之间的间隙并微调至 0.2 ~ 0.3mm 大小。常见的 A4 纸厚度约为 0.1mm，这里用其作为水平校正工具。将 A4 纸插入工作台基板与喷嘴之间，如图 4-11 所示。

单击"设定喷嘴高度：136.30"按钮后，此时按钮变为不可选状态，而对话框第 2 项选项则被激活，此时可以通过选择下拉列表框的数值对喷嘴和基板的间距进行调整，如图 4-12 所示。

图 4-11　水平度校正

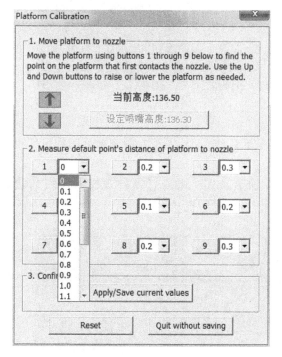

图 4-12　"平台水平度校正"对话框（第 2 项可调）

单击"1"右侧下拉按钮出现下拉列表框，选择 0.1 ~ 0.2 的数值后，移动 A4 纸进行测试，如 A4 纸能轻松滑动，则继续增大数值，反之则减小数值，直至 A4 纸出现较难滑动的效果。依此操作，将 9 个点的高度都测试完后，单击"Apply/Save current values"按钮，软件弹出对话框，单击"是"按钮，完成平台水平度校正。

4.5.2　打印成形

1）打印平台预热。在"三维打印"的下拉菜单栏中单击"平台预热 15 分钟"，进入打印平台预热状态；单击"维护"，弹出打印机状态观察窗口；待平台加热到 90℃ 以上即可单击"停止预热"，停止打印平台预热。

2）开始打印。在"三维打印"的下拉菜单栏中单击"打印"，弹出"打印"对话框，如图 4-13 所示。

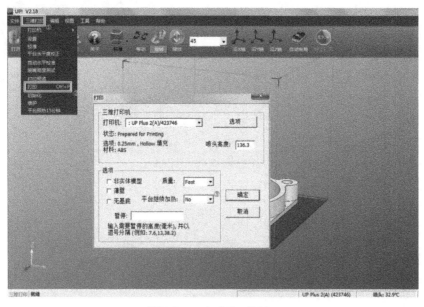

图 4-13 "打印"对话框

检查参数无误后单击"确定"按钮，系统自动将 3D 模型分层数据传输到打印机，此时打印机指示灯处于闪烁状态。

3）数据传输完毕后，3D 打印机进入加热状态，可通过软件观察打印机的状态。在"三维打印"的下拉菜单栏中单击"维护"，弹出打印机状态观察窗口，如图 4-14 所示。

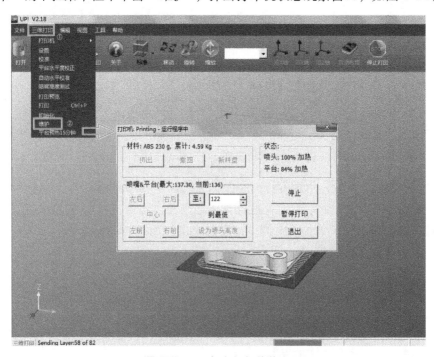

图 4-14 3D 打印机加热状态

此时，打印机状态观察窗口显示了"喷头"和"平台"的加热状态。当喷头温度升高到 ABS 打印丝材的加工温度（约270℃）时，UP Plus2 3D 打印机发出"滴"的提示声，打印机开始进行打印。UP Plus2 3D 打印机打印实体模型的过程如图4-15 所示

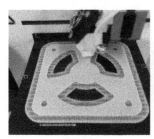

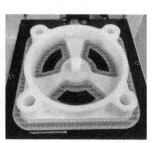

a)打印基底支撑层　　　　　　b)打印模型主体　　　　　　c)完成打印效果

图4-15　3D 打印成形过程

打印过程中需要注意的事项：

1）打印机要放置在结实平整的桌面上或平整的地面上，同时与周围较高的物品保持适当距离。保持打印机底部和侧边通风良好，打印过程中不要搬动、摇晃、倾斜打印机，以免影响打印效果甚至机械结构。

2）打印平台已调平，尽量不要去磕碰打印平台，若高度有误差可以进行手动调平。

4.6　后处理

本例的后处理相对简单。打印结束并等待打印基板冷却后，将打印基板连同打印模型从打印机取下，然后使用铲刀从基底拆下实体模型，最后用钳子或铲刀将基底从打印基板上取下，如图4-16 所示。

a)拆卸工具——铲刀　　　　　　b)拆卸前　　　　　　c)拆卸后的模型和基底

图4-16　剥除模型的过程

4.7　本章小结

本章以案例导入形式，通过成形风扇下盖的过程，介绍 FDM 的优缺点以及模型数据切

片处理、成形设备的调平、打印成形操作和打印后处理。

复习思考题

1. 简述 FDM 的成形原理及优缺点。
2. 简述 FDM 成形的工作流程。
3. 简述 FDM 的打印材料有何特点，并列举几种常用的材料。

第**5**章

hapter

SLA实例：发动机盖模型

5.1 案例描述

    SLA 是最早实用化的快速成形技术，其成形过程如下：激光以分层截面轮廓为轨迹，连点扫描液态光敏树脂，被扫描区域的树脂薄层发生光聚合反应，从而形成零件的一个薄层截面实体，如此重复直至整个零件原型制造完毕。本次 SLA 实例的内容是制作发动机盖模型（见图 5-1），其外形、结构相对简单。

图 5-1　发动机盖模型

5.2　成形工艺解析

SLA 是用激光照射液态光敏树脂从而分层制作 3D 实体的快速成形技术。在当前应用较多的几种快速成形工艺中，SLA 制作的原型表面质量好、尺寸精度高，能够用于制造比较精细的零件。目前，SLA 使用的耗材主要是光敏树脂，用于制造各种模具、模型等。通过在原材料中添加其他成分，也可以用二氧化硅原型模型代替熔模铸造中的蜡模型。

SLA 的优点：

1）成形过程自动化程度高。SLA 系统非常稳定，加工开始后，成形过程可以完全自动化，直至原型制作完成。

2）尺寸精度高。SLA 原型的尺寸精度可以达到 ±0.1mm。

3）优良的表面质量。虽然在每层固化时侧面及曲面可能出现台阶，但上表面仍可得到玻璃状态的效果。

4）可以制作结构十分复杂、尺寸比较精细的模型。尤其是对于内部结构十分复杂、一般切削刀具难以进入的模型，能轻松地一次成形。

5）可以直接制作面向熔模精密铸造的具有中空结构的消失模模型。

6）制作的原型可以在一定程度上替代塑料件。

SLA 的缺点：

1）成形过程中伴随着物理变化和化学变化，制件容易弯曲，故需要支撑，否则会引起制件变形。

2）液态树脂激光成形后的性能没有常用的工业塑料好，一般较脆，容易断裂。

3）设备运转及维护成本较高。由于液态树脂材料和激光器对环境温度和湿度要求较高，价格也较贵，并且为了使光学元件处于理想的工作状态，需要进行定期的调整，总体费用较高。

4）可使用的材料种类较少。目前使用的材料主要为感光性液态树脂材料，并且在大多数情况下，不能进行抗力和热量的测试。

5）液态树脂具有气味和毒性，并且需要避光保护，以防止提前发生光化学反应，所以使用时有局限性。

6）需要二次固化。在多数情况下，经快速成形系统激光成形后的原型树脂并未完全成形，所以通常需要二次固化。

5.3　成形设备简介

根据成形需要，本案例采用中瑞科技 SLA 系列的 SLA300 型 3D 打印机，如图 5-2 所示。该设备的特点是：打印速度快、成形精度高、操作易上手、自动程度高。其外形尺寸为 1190mm×875mm×1700mm。

图 5-2　中瑞科技 SLA 系列的 SLA300 型 3D 打印机

5.4　数据处理

数据处理软件可以看作数字模型和快速制造之间的桥梁，具有对数据进行检查、修复、优化和分层处理等功能。数据处理软件对数字模型进行分层处理，并将其处理成层片文件格式后送入 3D 打印设备，3D 打印设备接收数据处理后的层片文件即可开始进行快速成形制造。本例采用 3D Magic 软件，生成 SLA 系列 3D 打印机专用格式文件。

5.4.1　导入文件

在 3D Magic 中导入设计好的数字模型，如图 5-3 所示。

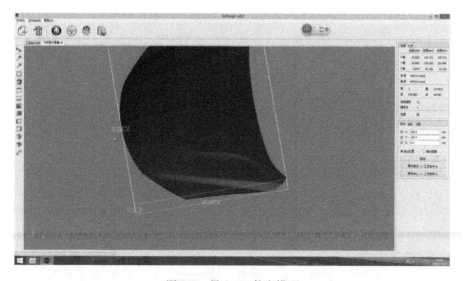

图 5-3　导入 3D 数字模型

5.4.2 零件摆放

确认数字模型无误后，就要开始调整零件在加工平台上的摆放位置和角度。对于 SLA 来讲，零件在加工平台上如何摆放，对加工时间、加工效率和加工质量都会有影响。很多数据处理软件提供自动摆放零件的功能，可依据零件的几何形状自动对零件进行嵌套摆放，针对多个零件同时加工的情况，可使加工平台上摆放的零件最多，加工时间最少，且保证加工时零件之间不会相互干涉。这一点是针对多个零部件同时制造的情况，用以提高生产效率，对于本例来讲，作为单独制造的零件，发动机盖模型放置在加工平台中央即可，如图 5-4 所示，至于具体摆放角度和方向应根据零件结构及支撑结构来确定。

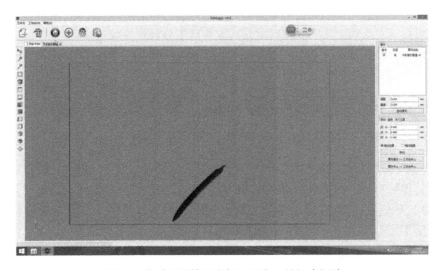

图 5-4   发动机盖模型在加工平台上的初步摆放

5.4.3 生成支撑

在快速成形制造过程中，大多数零件都需要用到支撑。支撑的作用不仅仅是支撑零件以提供附加稳定性，也是为了防止零件发生变形。零件变形可能是由于热应力、过热或者添加材料时刮板的横向扰动引起的，通过增加支撑结构，以最少的接触点完成热量传递，可以获得表面质量较好的零件，也便于零件进行后处理。3D Magic 有自动生成支撑的功能模块，可以自动、简单、快捷地生成支撑结构。支撑的适用性和可靠性对于零件的最终表面质量至关重要。

本例在生成支撑前，需要设置零件的加工方向，加工方向决定着支撑的生成，而支撑会对表面质量带来影响，这一点在 SLA 中尤为明显。发动机盖模型以一定角度倾斜放置时，应增加底部支撑的厚度和宽度，以提高支撑的稳定性；并且通过创建带角度的支撑，可以降低后处理的复杂性。完成摆放后设置自动生成支撑结构，其支撑结构如图 5-5 所示。

自动生成支撑创建完成后预览，可观察支撑是否合理。如不合理，需要删除相关支撑，重新调整、增加零件的支撑结构，然后再次生成支撑，直至达到满意的效果，如图 5-6 所示。

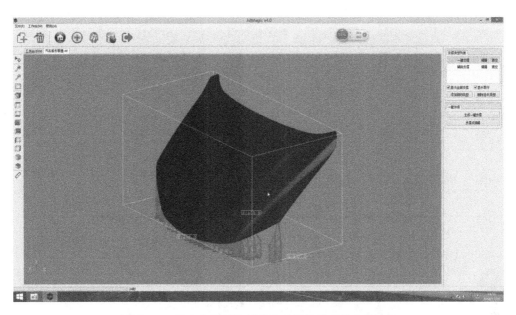

图 5-5　Y 轴方向倾斜放置的发动机盖模型的支撑结构

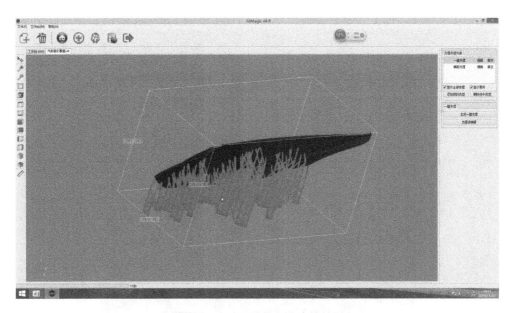

图 5-6　发动机盖模型的支撑效果

5.4.4　切片处理

完成所有支撑编辑工作后，即可开始对模型进行切片处理并保存成文件送到快速成形设备上进行加工了。切片处理是数据处理的重要步骤，是将 3D 模型转化为 3D 打印设备本身可执行的代码（如 G 代码、M 代码等）的过程。打开切片功能对话框，如图 5-7 所示，设置相关参数。

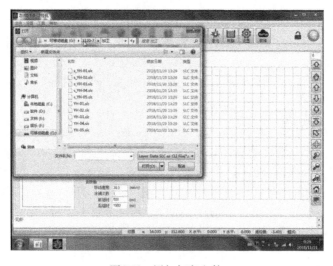

图 5-7　3D Magic 切片功能的对话框及相关参数

5.5　快速成形

得到切片数据后，即可导入快速成形设备开始加工了。将切片数据导入 SLA 快速成形设备，如图 5-8 所示。

94

图 5-8　添加打印文件

3D 打印开始前，还需要进行设备的准备工作，先单击"树脂"按钮设置成形设备参数，接下来，设备内树脂液位持续上升至所需高度，如图 5-9 所示。

整个 SLA 快速成形过程，几乎不需要人工操作，单击"打印"按钮打印机即开始加工，如图 5-10 所示。

在加工平台上，可以清晰地看到激光的扫描路线（见图 5-11）。光敏树脂经激光照射后固化，层层叠加成形，最终制成产品。

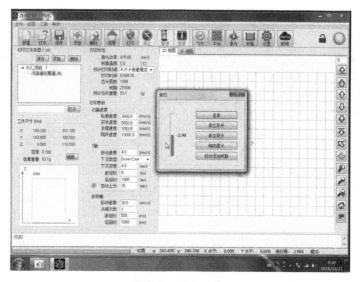

图 5-9 设备准备

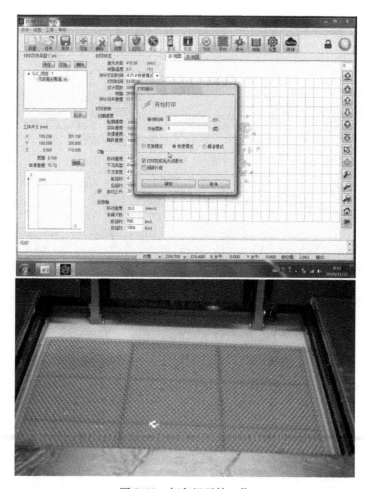

图 5-10 打印机开始工作

图 5-11　发动机盖模型 SLA 快速成形加工平台现场

　　整个快速制造过程持续 6h 左右，打印得到的发动机盖模型成品如图 5-12 所示。下一步转至后处理平台，等待进行去除支撑、清洗、二次固化和打磨等后处理工序。

图 5-12　打印完成的发动机盖模型成品

5.6　后处理

　　快速成形得到初步产品后，还要对其进行必要的后处理工序才能得到最终的产品。

1. 去除支撑

发动机盖模型的支撑有外部的支撑和腔体内部对悬空部分的支撑两部分，都是块状支撑。外部支撑和部分内部支撑只需要用手轻轻掰掉即可去除，如图5-13所示，处理支撑时要戴防护手套。内部悬空部分的支撑待酒精清洗时边洗边去除。

图 5-13　剥除支撑体

2. 清洗

从快速成形设备上取下的产品表面附着有黏腻的光敏树脂，需要进行清洗，清洗剂一般使用95%的工业酒精。可使用已经用过的酒精，用刷子、清洁布等对发动机盖模型的表面进行大致清洗。

将表面的附着物大致清洗掉后，再更换较为干净的酒精进行二次清洗（见图5-14），清洗后要用高压气枪冲刷干净（见图5-15）。清洗剂可以循环使用，但一般不超过3次。清洗过程中还要注意采取相关的防护措施，避免受到不必要的伤害。

图 5-14　酒精清洗

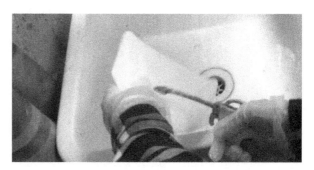

图 5-15　高压气枪冲刷

清洗完成后，将发动机盖模型放入打印设备中重新固化，如图5-16所示，固化后可以适当打磨。

图 5-16　二次固化处理

5.7　本章小结

本章以案例导入形式，通过成形发动机盖模型的过程，介绍 SLA 的优缺点以及 SLA 工艺的成形工作流程，包括了打印数据处理、快速成形打印操作以及打印后处理。

复习思考题

1. 思考 SLA 工艺的特点及适用范围。
2. 简述 SLA 与 FDM 在工艺上的区别。
3. 简述 SLA 工艺的原理。

第**6**章

hapter

SLS实例：工艺挂件

6.1 案例描述

　　SLS 技术是以激光按照零件的分层轮廓以一定的速度和能量密度进行扫描，有选择地烧结，使粉末材料烧结或熔化后凝固形成零件的一个薄层，层层叠加，最终获得实体零件。

　　激光束未扫过的区域仍然是松散的粉末，成形过程中未经烧结的粉末对模型的空腔和悬臂起着支撑的作用，因此使用 SLS 技术成形的工件不需要像其他成形技术那样需要支撑结构，这些粉末有些还可以回收后再次使用。

　　本次 SLS 实例是工艺挂件的成形，其外形纹饰多、结构复杂，如图 6-1 所示。

图 6-1　工艺挂件的 3D 模型

6.2 成形工艺解析

SLS 快速成形技术自 1989 年问世以来，经过多年的发展，已经成为集 CAD、数控、激光和材料等现代技术成果于一身的先进制造技术。

SLS 工艺是利用粉末材料成形的，可供使用的原材料相对丰富，包括金属基粉末、陶瓷基粉末、覆膜砂、高分子基粉末等。材料对成形件的精度和物理、力学性能起着决定性作用。高分子基粉末最早在 SLS 工艺中得到应用，相比金属和陶瓷材料，高分子材料（如尼龙 PA 等）成形温度低，烧结所需的激光功率小，也是目前应用最多、最成功的 SLS 材料。

SLS 工艺的优点：

1）成形材料广泛，应用面广。从理论上说，任何受热后能够形成原子间黏结的粉末材料都可以作为 SLS 的成形材料。成形材料的多样化，使得 SLS 技术适合于多种应用领域，如原型设计验证、模具母模、精铸熔模、铸造形壳和型芯等。

2）具有自支撑性能，成形材料可循环利用。SLS 工艺简单，成形过程中未烧结的粉末做了自然支撑，无须额外增加辅助支撑。成形过程中材料浪费较少，材料的利用率高，大多数未烧结粉末可以重复使用。

3）零件结构的复杂程度不限。SLS 工艺对零件的复杂性几乎没有任何限制，可制造各种复杂形状的零件，如镂空件、嵌套件等，适合于新产品的开发或单件、小批量零件的生产。

SLS 工艺的缺点：

1）成形大尺寸零件时容易发生翘曲变形，在直接成形高性能金属、陶瓷零件方面仍存在困难。

2）加工前后，需要花费时间预热和冷却。加工前，一般需要花费 2h 左右的时间进行成形材料预热，将其加热到熔点以下；零件成形后，还需几个小时的冷却时间，然后才能将零件从粉末缸中取出。成形材料为粉体材料，对生产环境会有污染，需要采取必要的安全措施。

3）由于使用大功率激光器，设备制造和维护成本较高，技术难度较大，对生产环境有一定的要求。

6.3 成形设备简介

本案例采用中瑞科技的 SLS300 型 3D 打印机，如图 6-2 所示。该设备具有扫描速度快、材料利用率高、产量可观等优点。

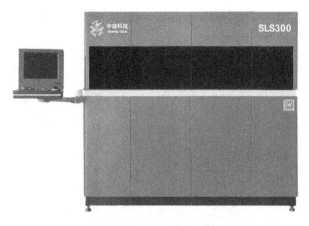

图 6-2　SLS300 型 3D 打印机

6.4　数据处理

该案例使用设备专用配套软件 3D Magic 作为数据处理软件。与其他成形工艺相比，SLS 成形工艺无须添加支撑。

6.4.1　导入模型

导入工艺挂件的 STL 文件，如图 6-3 所示。

图 6-3　导入 3D 模型

6.4.2　零件摆放

导入数字模型后，调整零件在加工平台上的摆放位置和角度。对于本例来讲，作为单独制造的零件，工艺挂件模型放置在加工平台中央即可，如图 6-4 所示。SLS 成形的特点是无须添加支撑结构。

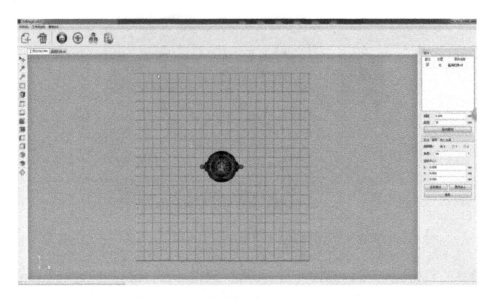

图 6-4　工艺挂件模型放置在加工平台中央

6.4.3　切片处理

完成调整工作后，即可开始对模型进行切片处理并保存文件。打开切片功能对话框，设置相关参数，如图 6-5 所示。

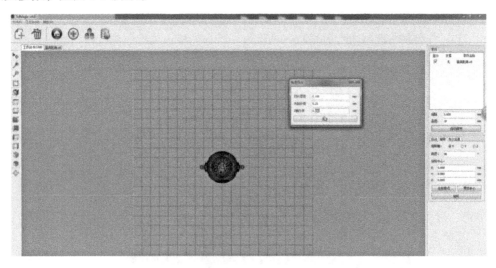

图 6-5　3D Magic 切片功能的对话框及相关参数

6.5　快速成形

SLS 快速成形设备专用的加工操作管理系统软件为 SLS v3.0，如图 6-6 所示。

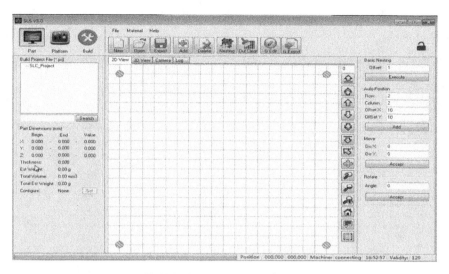

图 6-6　操作管理系统软件界面

6.5.1　导入数据并预热设备

在界面上单击"Add"按钮导入模型切片数据文件，如图 6-7 所示。待导入所有数据后，在界面右侧单击"Execute"按钮将模型设置为居中。

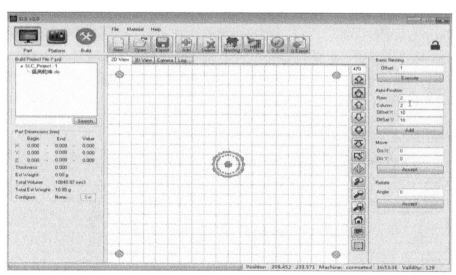

图 6-7　导入模型切片数据文件

在烧结之前，整个工作台包括尼龙粉末材料被加热到稍低于尼龙粉末熔点的温度，以减少粉末材料热变形，并利于与前一层面的结合。因此，在设置打印层时，零件打印开始于 101 层，前 100 层不设置模型或支撑打印。

6.5.2　摆放零件

设置完毕后，根据打印需要，单击界面右侧的"Add"按钮，参数为 2×2，X 方向间距为 10mm，Y 方向间距为 10mm。设置完成阵列 4 个打印模型，通过 "move" 按钮调整其位置，如图 6 - 8 所示。

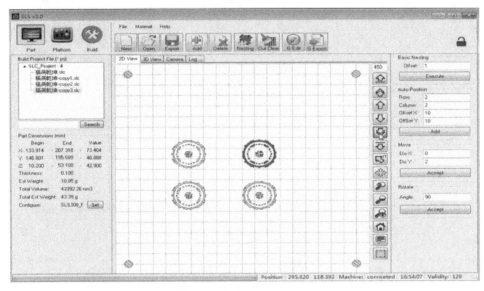

图 6-8　阵列加工 4 个零件

6.5.3　模型成形

　　模型成形过程同样无须人工参与，整个过程所需的时间由零件的结构类型和层高决定。计算机根据原型的切片模型控制激光束的二维扫描轨迹（见图 6-9、图 6-10），有选择地烧结尼龙粉末，一层烧结熔化、黏结又固化后，工作台下降一个层厚，开始新一层的烧结，如此循环，直至模型加工完成。

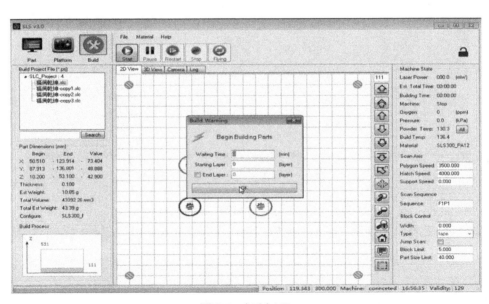

图 6-9　打印过程

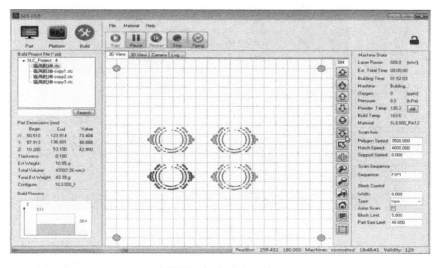

图6-9 打印过程（续）

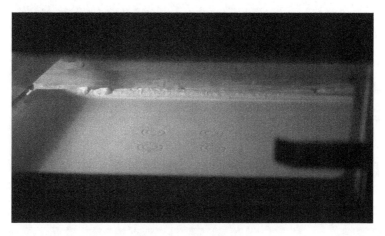

图6-10 打印成形过程

 6.6 后处理

在提示生产完成后，必须让成形桶在设备内冷却 3~4h，待成形桶温度降至 70℃ 以下时才能取出，以防烫伤，如图6-11 所示。

清理时，可先用手掰下较大的粉块，找到其中的各个零件，然后使用刷子将零件上的多余粉末小心地清除，如图6-12 所示。

初步清理完毕，再将零件放入喷砂机，进一步清理零件表面的粉末，如图6-13 所示。需要注意的是，喷砂机有可能喷黑零件表面或破坏薄壁部分，因此喷砂过程中必须保持喷头移动，避免长时间、近距离地清理零件。

图 6-11　取出成形零件

图 6-12　清理零件

图 6-13　使用喷砂机清理零件表面的粉末

最后，再用压缩空气清洁零件表面。至此，使用 SLS 工艺快速成型工艺挂件的整个生产过程完成。清理零件后留下的未烧结粉末必须经过筛粉机筛选，筛选后的粉末称为循环粉，循环粉必须与新粉混合才能再次使用。

6.7　本章小结

本章以案例导入形式，通过成形工艺挂件的过程，介绍 SLS 工艺的优缺点以及 SLS 工艺的成形工作流程，包括打印数据处理、成形设备预热、成形操作和打印后处理。

复习思考题

1. 思考 SLS 工艺的特点及适用范围。
2. 简述 SLS 工艺打印材料的特点。
3. 思考 SLS 工艺是否需要添加支撑，并说明原因。

第7章

Chapter

SLM实例：六边形网格模型

7.1 案例描述

    SLM 技术能直接成形出接近完全致密度的金属零件，克服了 SLS 技术制造金属零件工艺过程复杂的缺点。SLM 工艺的成形原理是在成形缸基板上铺一层金属粉末，激光束将按零件各层截面轮廓选择性地熔化粉末，加工出当前层，一层烧结完成后，升降系统下降一个截面层的高度，铺粉辊在已成形好的截面层上再铺一层金属粉末，烧结下一层，如此层层加工，直到整个零件烧结完毕。整个成形过程在抽成真空或充满保护气的加工室中进行，以避免金属在高温下与其他气体发生反应。

    本次 SLM 实例是六边形网格模型（见图 7-1）的成形，其外形简单，但内部结构复杂。

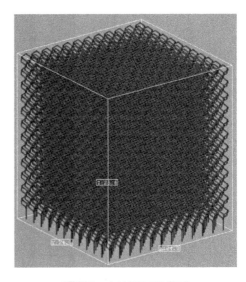

图 7-1　六边形网格模型

7.2　成形工艺解析

SLM 技术是以原型制造技术为基本原理发展起来的一种先进的激光增材制造技术。它的成形材料包括钛合金、钴铬合金、不锈钢和镍基合金等，通常采用粒径 15～53μm 的超细粉末。由于其特殊的工业应用，SLM 技术已成为近年来研究的热点。尤其是该技术能够将高熔点金属直接烧结成形为金属零件，完成传统切削加工方法难以制造出的高强度零件的成形，特别是在小型金属模具、航空航天器件、飞机发动机零件等的制备方面具有重要的意义。

SLM 工艺的优点：

1）成形零件的复杂程度高。由于成形材料是粉末状的，在成形过程中未烧结的松散粉末可作为自然支撑，而且成形后容易清理，因此特别适用于有悬臂结构、中空结构以及细管道结构的零件的生产。

2）成形材料广泛。从理论上讲，任何能够吸收激光能量而黏度降低的粉末材料都可以作为 SLM 的成形材料，包括金属、高分子、陶瓷、覆膜砂等粉末材料。

3）材料利用率高，成本低。在 SLM 成形过程中，未被激光扫描到的粉末材料可以被重复利用，因此 SLM 工艺具有较高的材料利用率。此外，SLM 成形材料中多数粉末的价格较便宜，如覆膜砂，因此 SLM 材料成本相对较低。

4）无须支撑，节省材料。由于未烧结的粉末可以对成形件的空腔和悬臂部分起支撑作用，不必专门设置支撑结构，从而节省了成形材料，并降低了能源消耗量。

SLM 工艺的缺点：

1）表面质量相对粗糙，需要做后期处理。由于 SLM 工艺的原材料是粉末，零件的成形是由材料粉层经过加热熔化而实现逐层黏结的，因此成形件的表面是粉粒状的，因而表面质量不高。陶瓷、金属成形件的后处理较困难，且制件易产生变形，难以保证其尺寸精度。

2）烧结过程中挥发异味。SLM 工艺中粉层的黏结需要激光能量将其加热达到熔化状态，高分子材料或者粉粒在激光烧结熔化时，一般会挥发有异味的气体。

3）设备成本高。由于使用大功率激光器，除本身设备成本外，为使激光能稳定地工作，需要不断地做冷却处理；激光器属于耗材，维护成本较高，普通用户难以承受。因此，该技术主要集中在高端制造领域。

7.3　成形设备简介

本案例采用中瑞科技 SLM 系列的 SLM150 型 3D 打印机，该设备具有高速度、高精度、高质量等优点，如图 7-2 所示。

图 7-2　SLM150 型 3D 打印机

7.4　数据处理

本案例使用 3D magic 作为数据处理软件，按步骤完成模型数据处理任务。

7.4.1　导入模型

导入六边形网格模型的 STL 文件，如图 7-3 所示。

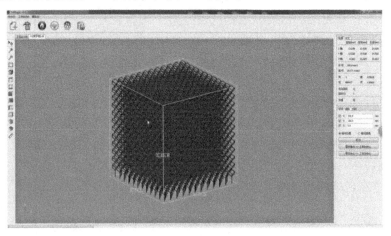

图 7-3　导入 3D 模型

7.4.2　零件摆放

导入数字模型后，调整零件在加工平台上的摆放位置和角度。对于本例来讲，使用自动排列将六边形网格模型放置在加工平台中央即可，如图 7-4 所示。

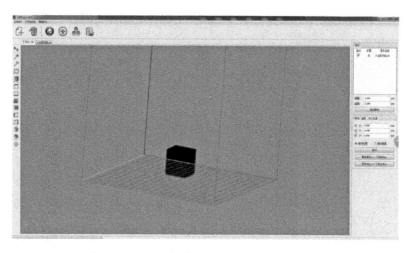

图7-4　工件摆放在加工平台中央

7.4.3　添加支撑

完成位置调整工作后可进行支撑添加操作，考虑到六边形网格模型是特殊的星格结构，无须添加支撑。

7.4.4　切片处理

完成位置调整工作后，即可开始对模型进行切片处理并保存文件，如图7-5所示。打开切片功能对话框并设置相关参数。

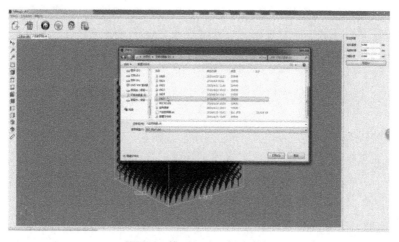

图7-5　模型切片及导出数据

7.5　快速成形

SLM快速成形设备专用的加工操作管理系统软件为SLM v3.0，如图7-6所示。

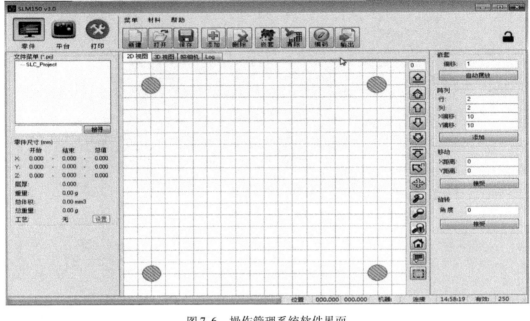

图 7-6　操作管理系统软件界面

7.5.1　导入数据

在界面上单击"添加"按钮导入处理好的模型切片数据文件，如图 7-7 所示。待导入所有数据后，在界面右侧单击"自动摆放"按钮将模型设置为居中。

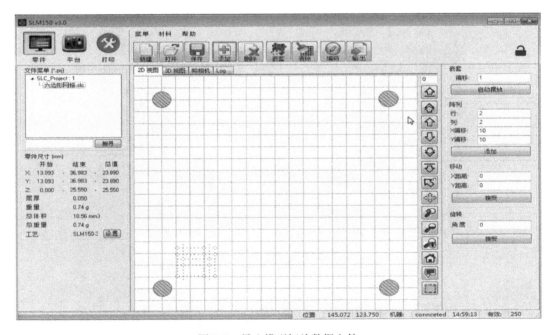

图 7-7　导入模型切片数据文件

7.5.2　零件摆放

设置完毕后，根据打印需要，设置阵列 4 个打印模型，并调整其摆放位置，如图 7-8 所示。

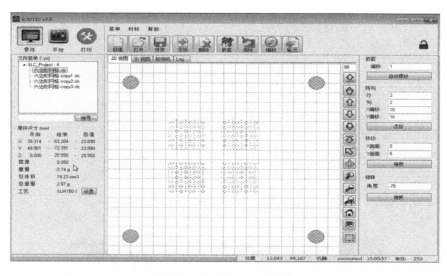

图 7-8　阵列加工 4 个零件

7.5.3　成形前的准备

模型成形过程需要在真空或充满保护气的加工室内进行，以避免金属在高温下与其他气体发生反应。因此，在成形工作前，需要对设备进气情况进行检测，主要检测粉舱温度、氧含量、基板温度和压力等参数，如图 7-9 所示。

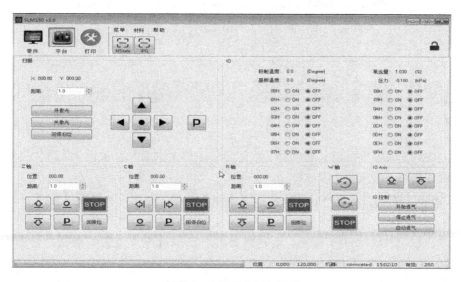

图 7-9　检测设备进气情况

7.5.4 模型成形

确认检测无误后，开始进行成形打印，计算机根据预设的轨迹扫描（见图7-10、图7-11），有选择地熔化金属粉末，层层叠加，直至模型加工完成。

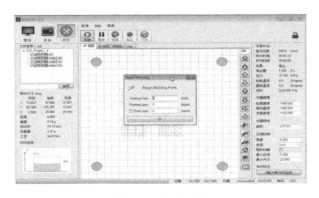

图7-10 打印过程

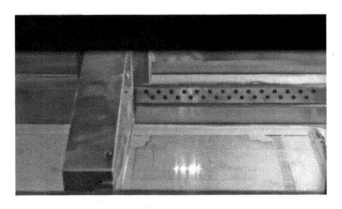

图7-11 打印成形过程

7.6 后处理

加工完成后，将零件升起，先用刷子清除零件上多余的粉末（见图7-12），待粉末清除完毕后，取下成形基板（见图7-13）。

由于成形材料都为金属材料，需要使用锯子或线切割，将工件从基板上取下，如图7-14所示。

清理时，可先用砂纸打磨零件，然后使用钳子仔细将零件上的毛刺去除，如图7-15、图7-16所示。

初步清理完毕，将零件放入喷砂机，进一步清理零件表面的粉末，如图7-17所示。需要注意的是，喷砂机有可能喷黑零件表面或破坏薄壁部分，在喷砂过程中必须保持喷头移

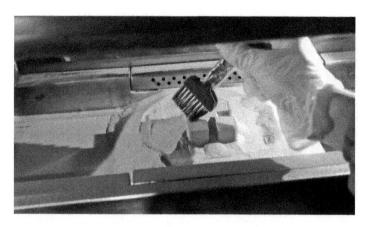

图 7-12   清除零件上多余的粉末

图 7-13   取出的基板

图 7-14   使用锯子取下零件

动，避免长时间、近距离地清理零件。

至此，使用 SLM 工艺快速成形六边形网格模型的整个生产过程完成。六边形网格模型的成形效果如图 7-18 所示。

图 7-15　打磨零件

图 7-16　去除毛刺

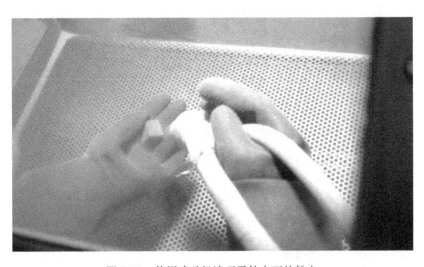

图 7-17　使用喷砂机清理零件表面的粉末

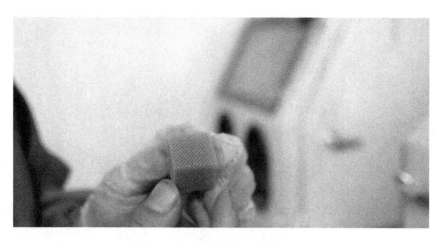

图7-18 六边形网格模型的成形效果

7.7 本章小结

本章以案例导入形式，通过成形六边形网格模型的过程，介绍 SLM 工艺的优缺点、适用对象以及 SLM 工艺的成形工作流程，包括打印数据处理、成形设备充保护气体、成形操作和打印后处理。

复习思考题

1. 简述 SLM 工艺与 SLS 工艺的区别。
2. 简述 SLM 工艺成形过程中充保护气体的作用。
3. 简述 SLM 工艺的成形工作流程。

第8章

3D打印的应用技巧

8.1　3D 打印的表面改善

制造具有复杂几何形状的、功能集成式的零部件是 3D 打印技术的主要优势之一，但是 3D 打印的零部件同时也面临着提高表面质量的挑战。零件上逐层堆积留下的纹路是肉眼可见的，特别是有大量支撑的情况。3D 打印出来的物品表面会比较粗糙，这往往会影响用户的体验，尤其当外观是零件的一个重要因素时。这时就需要进行表面质量改善。

对 3D 打印零部件进行后处理，是提升表面质量的有效方式。3D 打印模型常见的表面改善方法有砂纸打磨、溶剂浸泡、溶剂熏蒸、喷砂、喷塑、电镀和上色。

8.1.1　砂纸打磨

砂纸打磨是指利用砂纸摩擦去除模型表面的凸起，光整模型表面的纹理，如图 8-1 所示。可以用手工打磨或者使用砂带磨光机这样的专业设备。砂纸打磨是一种廉价且行之有效的方法，一直是 3D 打印零部件后期抛光最常用、使用范围最广的技术。

砂纸打磨在改善比较微小的零部件时会有问题，因为它是靠人手或机械的往复运动实现的，人手或机械够不到的地方就打磨不了。用 FDM 技术打印出来的对象往往有一圈圈的纹路，需要用砂纸打磨消除。如果零件有精度和耐用性的最低要求，切忌过度打磨，要提前计算好打磨量，否则过度打磨会使零部件变形或报废。

8.1.2　溶剂浸泡

ABS 溶于丙酮、醋酸乙酯、氯仿等绝大多数常见的有机溶剂，因此可利用有机溶剂的溶解性对 ABS 材质的 3D 打印模型进行表面质量改善，如图 8-2 所示。

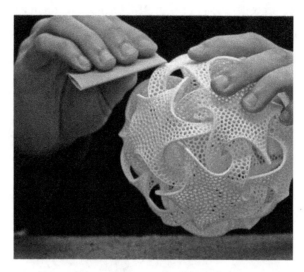

图 8-1　砂纸打磨

图 8-2　溶剂浸泡

　　溶剂浸泡能快速消除模型表面的纹路，但要合理控制浸泡时间。时间过短，无法消除模型表面的纹路；时间过长，容易出现模型溶解过度，导致模型的细微特征缺失和模型变形。

　　目前，市场上有专门用于 3D 打印模型的 ABS 抛光液，将 3D 打印模型浸泡在溶剂中搅拌，待其表面达到需要的光洁效果后，取出即可。

8.1.3　溶剂熏蒸

　　与溶剂浸泡类似，溶剂熏蒸是将 3D 打印零部件浸渍在蒸气罐里，其底部有已经达到沸点的液体。蒸气上升后可以熔化零件表面 2μm 左右的一层，几秒内就能把它变得光滑闪亮。如图 8-3 所示，该产品中间的部分就经过了溶剂熏蒸改善。

溶剂熏蒸被广泛应用在消费电子、原型和医疗等方面。该方法不会显著影响零件的精度，但是存在尺寸限制，最大改善零件尺寸为 914.4mm×609.6mm×914.4mm。另外，溶剂熏蒸也可对 ABS 和复合材料 ABS-M30 进行改善，这是常见和耐用的热塑性塑料。

图 8-3　溶剂熏蒸

8.1.4　喷砂

喷砂是金属 3D 打印常见的后处理工艺的一种，它采用压缩空气为动力，形成高速喷射束将喷料（铜矿砂、石英砂、金刚砂、铁砂、海砂）高速喷射到需处理工件的表面，使工件表面的外观或形状发生变化。磨料对工件表面的冲击和切削作用，使工件的表面获得一定的清洁度和不同的粗糙度，可将工件表面的一些 3D 打印金属支撑去掉，进而提高表面质量。

如图 8-4 所示，操作人员手持喷嘴朝着抛光对象高速喷射介质小珠，从而达到抛光的效果。喷砂改善一般比较快，5~10min 即可改善完成，改善过后产品表面光滑，有均匀的亚光效果。

图 8-4　喷砂

喷砂能把3D打印工件表面的支撑和多余颗粒等一切杂质清除，并在工件表面建立起十分重要的基础图式（即通常所称的毛面）。而且喷砂处理可以在不同粗糙度之间任意选择，可以通过调换不同粒度的磨料，达到不同程度的粗糙度，大大提高工件与涂料、镀料的结合力，或使黏结件黏结更牢固，质量更好。其他工艺是没办法实现这一点的。手工打磨可以打磨出毛面但速度太慢，化学溶剂清理时清理的表面过于光滑不利于涂层黏结。

8.1.5 喷塑

喷塑就是将塑料粉末通过高压静电设备充电，在电场的作用下，将涂料喷涂到工件的表面，粉末会被均匀地吸附在工件表面，形成粉状的涂层，而粉状涂层经过高温烘烤后流平固化，塑料颗粒会熔化成一层致密且效果各异的最终保护涂层，牢牢附着在工件表面。喷塑产品多用于室内使用的箱体，外膜呈现平光或亚光效果，如图8-5所示。喷塑粉末主要有丙烯酸粉末、聚酯粉末等。

图8-5 喷塑

8.1.6 电镀

电镀是利用电解作用使金属或其他材料制件的表面附着一层金属膜的工艺，从而起到防止金属氧化（如锈蚀），提高耐磨性、导电性、反光性、耐蚀性（硫酸铜等）及增进美观等作用。电镀包括镀铬、镀铜、镀锡和镀锌等，如图8-6所示。

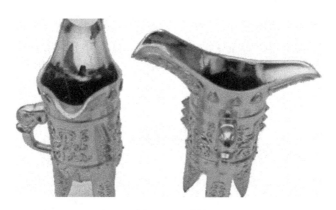

图8-6 电镀

8.1.7 上色

除了全彩砂岩的打印技术可以做到彩色3D打印之外，其他的一般只可以打印单种颜色。有的时候需要对打印出来的物件进行上色，例如ABS塑料、光敏树脂、尼龙、金属等，不同材料需要使用不一样的颜料，如图8-7所示。

图8-7　上色

8.2　3D 打印的结构设计

　　3D 打印有很多优点，能够生产出超常规理念的复杂结构零件是其最大特点，可以使零件在保证其强度的前提下，大幅度减少材料的使用和减轻零件的质量。零件的结构设计在发挥 3D 打印优点方面，起着举足轻重的作用。结构设计需要打破传统设计理念，充分发挥想象力和创造力。这里结合现有的资料和业内一些工程师的经验，推荐几种 3D 打印零件的结构设计。

8.2.1　以轻量化为目的的结构设计

　　轻量化的设计要求是：需要零件在结构上进行拓扑优化。拓扑结构优化的优点是，在减少材料用量的同时仍可满足零件轻量化的设计要求。3D 打印是拓扑优化复杂结构设计方案最便捷的制备方法。这在航空航天领域具有重要意义，可以显著降低飞机或飞行器的质量，如图8-8所示。

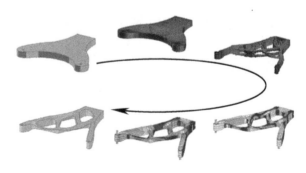

图8-8　结构优化对比

　　目前常采用的轻量化结构有桁架结构、点阵夹芯结构和中空结构。

1. 桁架结构

桁架结构是由一些细杆通过一些节点相连而成的，如图8-9所示。它能在节省材料、实现打印要求的同时，满足所需的物理强度、受力稳定性、自平衡性的要求。

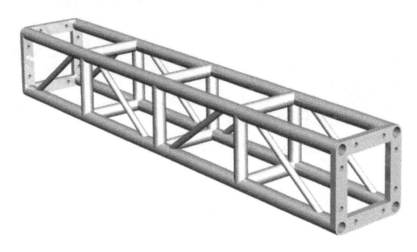

图8-9　桁架结构

另外，还有根据桁架结构衍生的蒙皮-刚架结构，即外表面是薄壁结构，内部为铰接杆件。这种结构运用在3D打印技术中，可以体现为薄壁加铰接支撑杆件的形式。

2. 点阵夹芯结构

点阵夹芯结构（见图8-10）在轻量化设计中的特点是，在优化结构的同时也能保证材料具有足够的强度。在航空航天工业中，点阵夹芯结构常被用于制作各种壁板，如翼面、舱面、舱盖、地板、消声板、隔热板和卫星星体外壳等的制备。

点阵夹芯结构在减重的同时，也可以起到其他特殊作用。例如，航空发动机润滑系统的油气分离器，它的材料为Ti-6Al-4V，其作用为将回油中的气体分离，这种网格结构孔隙率高达95%，致密度可降低到$0.5g/cm^2$，使得油气混合物经过时，小油滴被吸附在分离器内。Rolls-Royce公司使用这种结构实现了高达99%的油气分离效率。这种结构在制造过程中的问题在于，很难去除黏附在框架上未熔融的金属粉末，如图8-11所示。

图8-10　点阵夹芯结构

3. 中空结构

中空结构是外壳为薄壁、内部中空或内部添加简单支柱的结构，如图8-12所示。这种结构的缺点是需要内部支撑，而且支撑难去除或无法去除。

图 8-11　材料为 Ti-6Al-4V 的油气分离器

图 8-12　中空结构

8.2.2　以生物相容性为目的的结构设计

医学植入身体中的多孔结构或胞格结构，需要采用有利于骨骼生长和细胞迁移的贯通式多孔结构（见图 8-13）。同时，为了避免由于金属较高的弹性模量造成的"应力屏蔽"现象，保证植入体的力学性能与真实骨结构相匹配。这就需要采用 3D 打印特有的多孔结构或胞格结构设计制造，根据需要对孔的类型、孔径尺寸、孔壁厚度及孔隙率进行设计并完成打印。

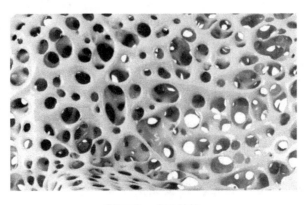

图 8-13　多孔结构

多孔结构或胞格结构单元的构造与基于实现轻量化要求的点阵夹芯结构类似，但是目的不同，其目的在于保证结构单元组成的生物植入体具有良好的生物相容性。图 8-14 所示为 Arcam 公司以 EBM 技术制造的髋臼杯，经过生物体实验证明，这种结构植入体有较好的生物相容性，孔结构内有大量的骨组织。

图 8-14　多孔结构髋臼杯

8.2.3　其他复杂结构

1. 空间异型管道结构

空间异型管道（见图 8-15）的传统制造工艺为注射成型、铸造等方式，传统工艺除去高的制造成本和长的生产周期外，对于管道需要的复杂样条曲线很难一次制备成功。随形冷却技术将模具制造与 3D 打印相结合来解决复杂形状空间管道成形的难题。

2. 一体化复杂结构

一体化复杂结构又分为静态机构和动态机构。其中，静态机构中最著名的当属 GE（通用电气公司）的喷油器。动态机构的特点在于免组装，可实现动态连接。传统机械构件都需要分步制作各单件然后将单件装配起来，而 3D 打印可节省装配步骤，直接得到免组装的整体机构，典型代表就是万向节，如图 8-16 所示。

图 8-15　空间异型管道　　　　　　　　　　　图 8-16　万向节

图 8-17 所示为宝马 DTM 上采用 SLM 技术制备的铝合金水泵轮，这种一体化的高精度零件适合赛车恶劣的工作环境。

图 8-17　铝合金水泵轮

在航空航天领域使用的一体化复杂结构还包括发动机或导弹用小型发动机整体叶盘、增压涡轮、支座、吊耳、起落架等。

3. 自由曲面结构

自由曲面结构是采用传统方法很难或者根本无法加工的。例如，发动机叶片是这种薄壁复杂自由曲面的典型代表，如图 8-18 所示。传统的铸造方法和数控加工技术制备的叶片，分别存在表面质量差、加工效率低的缺点。增材制造技术为制造出几何精度高、表面质量好的叶片提供了技术条件。另外，还可将点阵夹芯结构与自由曲面结构相结合，实现复杂曲面轻量化的目的。

图 8-18　发动机叶片

还有与此类似的空间自由曲面多孔结构，如图 8-19 所示的薄壁管状燃烧室就是这种结构。

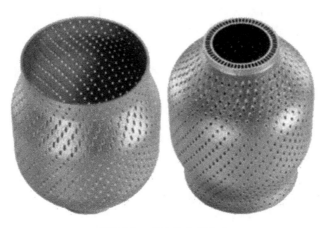

图 8-19　薄壁管状燃烧室

8.3　3D 打印的常见质量问题及其改善方法

1. 耗材无法挤出

耗材无法挤出是一个比较常见的问题，也是比较容易解决的问题。挤出机无法挤出耗材的可能原因有：当挤出头处于高温静止状态时，挤出机腔体内耗材漏出；喷嘴离平台太近，导致没有足够的空间让耗材从挤出机中挤出；线材在挤出齿轮上打滑；挤出机发生堵塞。

2. 第一层不粘连

打印的第一层与平台紧密粘连，是很重要的，只有这样，接下来的层才能在此基础上构建出来。如果第一层没能粘在平台上，那将导致后面的层出现问题，如图 8-20 所示。有很多方法可以处理第一层不粘连的问题。

图 8-20　第一层出现松散

（1）问题原因　打印平台没有调平；喷嘴离打印平台太远，底面就会出现不需要的线条；第一层打印太空，致使第一层无法黏附；温度或冷却设置有问题。此外，打印平台要尽可能干净，即使打印平台上的指纹印都可能会影响第一层的黏附。

（2）改善办法　使用与打印机配套的软件重新调平打印平台；清理打印平台上的指纹印；打印前在打印平台上涂上薄薄一层胶水。

3. 翘边

模型底部一个或多个角翘起，使模型无法水平附着在打印平台上，这种情况会导致模型顶部结构出现横向裂痕。

（1）问题原因　翘边是3D打印过程中的常见问题，往往发生在第一层塑料因冷却而收缩时，模型边缘因此而卷起，如图8-21所示。

图 8-21　翘边

（2）改善方法　加热打印平台，使塑料保持温度而不至于固化，称为"玻璃化转变温度"；第一层材料可平坦地附着在打印平台上；在打印平台上均匀地涂上一层薄薄的胶水，增加第一层材料的附着力，如图8-22所示；确保打印平台水平；增加垫子结构，加固打印平台的黏着力；即使打印机有加热平台，还是建议用胶水，并且调平打印平台。

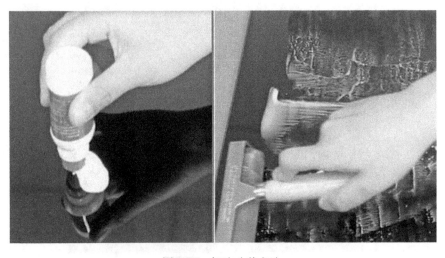

图 8-22　翘边改善方法

4. 层错位

如图8-23所示，打印件出现上层移位。若是出现这种问题，打印机无法自行发现和处理问题。

（1）问题原因　喷头移动过快；存在机械或电子方面的问题；X轴或Y轴没有对齐，即没有构成100%的直角；有滑轮没有固定到位。

（2）改善办法　关掉打印机电源，试试徒手能否轻松移动各轴，如果有僵硬的感觉或者某个方向更易/较难移动，适当添加润滑油；检查各轴是否对齐；检查滑轮的螺钉是否紧固。

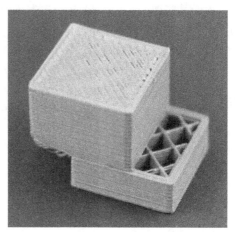

图8-23　层错位

5. 拉丝或垂料

若打印件上残留细小的塑料丝线，则是发生了拉丝，如图8-24所示。通常，这是因为喷嘴移到新的位置时，塑料从喷嘴中滴落下来了。

（1）问题原因　打印头在非打印状态下移动时，打印头滴落部分细丝；温度太高，喷嘴中的塑料会变得非常黏稠，进而很容易从喷嘴中流出来；悬空移动距离太长等。

（2）改善办法　利用打印机的回缩功能，在非打印状态下移动打印头前打印机就会缩进细丝，这样就不会有多余的塑料材料从打印头中发生滴落而形成拉丝了。

6. 层开裂或断开

3D打印通过一次打印一层来构建模型，为了使最终的打印件结实可靠，必须确保每层与它下面的层充分黏结。如果层与层之间不能很好地黏结，最后打印件可能开裂或断开，如图8-25所示。此问题在较高的模型中尤为常见。

图8-24　拉丝

图8-25　层开裂或断开

（1）问题原因　层高太高，与喷嘴直径不匹配；打印温度太低，相比冷的塑料，热的塑料总是能更好地黏结在一起；顶部材料比底部材料降温快，因为加热平台的温度无法传递至高处，顶部材料的黏结强度降低。

（2）改善办法　试着减少层高，看能否让各层黏结得更好；将挤出机温度提高10℃；将打印平台温度提高5~10℃。

7. 丢失层

由于某些原因，打印机未能为本该打印的层提供所需要的塑料材料，这种情况被称为（临时）未挤出。由于跳过了某些层，导致产品存在间隙。

（1）问题原因　细丝（比如直径有差异）、细丝卷、送丝轮存在问题或者喷嘴堵塞；打印平台异常造成暂时性的卡死；Z轴杆或轴承存在问题。

（2）改善办法　找到Z轴杆和轴承的问题并解决。如果油太多，应予以擦除；如果杆和轴承没有对齐，了解校正方式并进行校准；找到未挤出的原因会比较难，应仔细检查细丝卷和送丝系统。

8. 喷嘴堵塞

打印机喷嘴堵塞，无法挤出材料，如图8-26所示。这种堵塞经常是因为有某些东西存在于喷嘴中，阻碍了塑料正常挤出。

改善办法：手工推送线材进入挤出机，通过外部力量使线材通过出现问题的位置；拔出线材，剪掉线材上熔化或损坏的部分，然后重新安装线材，观察没有损坏的线材能否挤出；清理喷嘴，将挤出机加热到100℃，然后手工挤出线材。

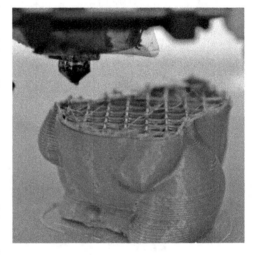

图8-26　喷嘴堵塞

9. 3D打印的质量改善技巧

无论是3D打印新手还是经验丰富的用户，以下几点技巧都有助于避免3D打印出现质量问题并获得良好的结果。

1）根据生产商的说明设置3D打印机，定期检查更新打印机固件和软件。

2）保持3D打印机的维护和校准。在开始打印之前，应检查所有螺钉是否牢固固定，并确保没有传动带或带轮松动。

3）保持打印件清洁，定期用无绒布进行擦拭，并擦上酒精。

4）确保打印件水平。如果打印件不平整，则打印头无法自行调整。打印平台平整是第一层正确放下的先决条件。平台层不良可能导致前几层翘曲并影响平台黏附。

5）调整打印头和打印平台之间的间隙，喷嘴和打印平台之间的距离需要正确设置，否则打印件将具有缺陷。

6）只打印单件，不要一次打印多件，当其中一件出现问题并被打印头拖动时，它可能会损坏其他件。

7）提高长丝附着力，可在打印平台上涂上胶带或遮蔽胶带。

8）检查第一层的打印质量。第一层的打印质量决定黏附是否成功，如果第一层没有正确出现，建议中止打印过程，这样可以节省时间和打印材料。

8.4　3D 打印的成形技巧

1. 建模的 45°法则

模型上任何悬垂超过45°的凸出物都需要额外的支撑材料或是高超的建模技巧来完成模型打印，而有些 3D 打印的支撑结构很难处理：添加支撑既耗费材料，又难处理，而且处理之后还会破坏模型的美观。因此，要记住建模的 45°法则。45°法则打印案例如图 8-27 所示。

图 8-27　45°法则打印案例

2. 尽量避免使用支撑材料

支撑材料去除后会在模型上留下印记，而且去除过程也会非常耗时。因此，模型设计时要尽量不考虑采用支撑材料的结构，以便直接进行 3D 打印。

3. 增加打印底座

用于 3D 打印的模型底面最好是平坦的，这样既能增加模型的稳定性，又不需要增加支撑。可以直接用平面截取底座获得平坦的底面，或者添加个性化的底座。尽量避免使用内建的打印底座，否则一方面会降低打印速度；另一方面，根据不同软件或打印机的设定，内建的打印底座可能会难以去除并且损坏模型的底部。

4. 熟悉打印机极限

了解待打印模型的细节，有没有一些微小的凸出物或是零件因为太小而无法使用桌面级 3D 打印机打印。要特别注意 3D 打印机的一个很重要但常常被忽略的参数——线宽。

线宽是由打印机喷嘴的直径来决定的，大部分的打印机拥有直径是 0.4mm 或 0.5mm 的喷嘴。用 3D 打印机画出来的圆，大小都至少是线宽的两倍。举例来说，一个 0.4mm 的喷嘴画出来的圆最小直径是 0.8mm，而 0.5mm 的喷嘴画出来的圆最小直径则是 1mm。

5. 连接件选择合适公差

为需要连接的模型设计合适的公差。设计合适公差的技巧是：在需要紧密接合的地方（压合或连接物件）预留 0.2mm 的宽度；给较宽松的地方（枢纽或箱盖）预留 0.4mm 的宽度。

6. 适度使用外壳

对精度要求比较高的模型，不要使用过多的外壳，如对于印有微小文字的模型来说，多余的外壳会让这些精细处模糊不清。

7. 善用线宽

如果想要制作一些可以弯曲或是厚度较薄的模型，可以将模型厚度设计成一个线宽厚。

8. 调整打印方向以求最佳精度

应该以可行的最佳分辨率方向来作为模型的打印方向。若模型有一些精细的设计，要确认一下模型的当前打印方向能否打印出这些精细特征。如果有需要，可以将模型切成好几个区块来打印，然后再重新组装。

9. 根据压力来源调整打印方向

由于3D打印是分层制造、逐层叠加的，所以层与层之间的强度相对较弱。因此，应该调整适合的打印方向，让打印线垂直于应力施加处。

同样，在打印过程中，大尺寸模型在打印台上冷却时，可能会沿着Z轴的方向裂开。

8.5 3D打印设备维护

能够进行设备维护及常见打印问题处理是3D打印专业人员的必备技能。以UP Plus2 3D打印机为例，说明3D打印机的常用维护与操作技巧。

8.5.1 喷嘴清理

1）多次打印之后喷嘴处可能会覆盖一层氧化的ABS材料，当打印机打印时，氧化的ABS可能会熔化，造成模型表面出现点形变色，因此需要定期清理喷嘴。

清理喷嘴的步骤如下：

① 预热喷嘴，熔化被氧化的ABS材料。

② 使用一些耐热材料（例如纯棉布或软纸）清理喷嘴，如图8-28所示。

图8-28 清理喷嘴

2）由于3D打印的丝材长时间暴露在外，容易吸附空气中的灰尘和其他杂质，这些杂质积聚在喷嘴内部将影响丝材正常喷出，甚至造成喷嘴堵塞。在打印时，可以通过观察丝材的表面质量和测量喷嘴喷出丝材的直径来了解喷嘴的工作情况。当喷出丝材的直径明显小于喷嘴出丝口直径或表面粗糙时，则说明喷嘴内部积聚杂质，需要进行喷嘴清理。

UP Plus2 3D打印机喷嘴的清理步骤如下：

① 加热喷嘴至最高温度，用喷嘴扳手顺时针取出喷嘴。

② 用酒精灯烧热喷嘴，待堵塞的物质自然挥发即可。

③ 喷嘴冷却后，清洗并安装。

清理步骤如图8-29所示。

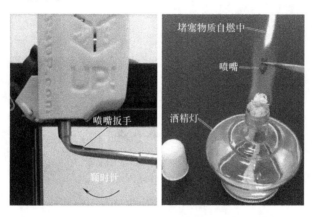

图8-29 UP Plus2 3D打印机喷嘴清理步骤

8.5.2 打印平台水平校准

3D打印过程中，要求打印平台具有较高的水平度，因为打印平台的水平度直接影响打印初始阶段喷嘴与打印平台之间间隙的均匀程度。间隙过大，容易出现基底翘边；而间隙过小，则容易堵塞喷嘴。

在正确校准喷嘴高度之前，需要检查喷嘴和打印平台4个角的距离是否一致。

UP Plus2 3D打印机可借助水平校准器检测打印平台的水平情况；也可通过软件中的"自动水平校准"选项，在打印数据生成过程中，使用水平校准器依次对打印平台的9个点进行校准，并自动对打印平台的各个位置进行补偿。

若打印平台水平程度较差时，可通过调节打印平台底部的弹簧来校正。拧松一个螺钉，平台相应的一角将会升高。拧紧或拧松螺钉，直到喷嘴和打印平台4个角的距离一致。如图8-30所示。

图8-30 打印平台水平校准

8.5.3 垂直校准

垂直校准可以确保打印平台完全沿着 X 轴、Y 轴和 Z 轴的轴向方向进行。UP Plus2 3D 打印机的控制软件附带校准模型文件。垂直校准需要借助校准模型，操作步骤如下：

（1）校准模型打印完成后，测量 X1 和 X2 的长度，从"3D 打印"菜单中打开"校准"对话框，在相应的文本框中输入 X1 和 X2 的测量值，如图 8-31 所示。

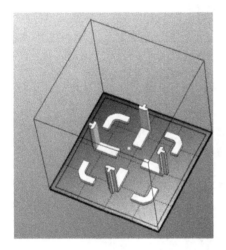

图 8-31　校准界面

（2）取下 L 形组件，测量其偏差。在 Z 文本框中输入偏差值：如果偏向模型内侧，Z 为正值；如果偏向模型外侧，Z 为负值。

（3）测量中心组成部分的高度，在不进行缩放的情况下应该是 40mm。在"H"文本框中输入测量的准确值（见图 8-32）。

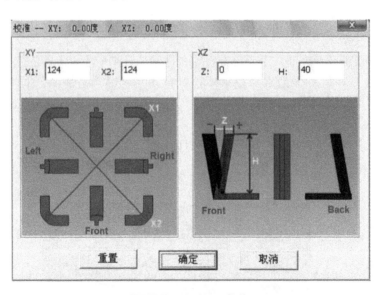

图 8-32　检测校准数值

8.6　本章小结

　　本章主要介绍了3D打印的表面改善、结构设计、常见质量问题及其改善方法和3D打印的成形技巧，通过3D打印设备维护案例，详细讲解了各项维护的要点，如喷嘴清理、打印平台水平校准、垂直校准。

复习思考题

1. 试列举3D打印件的表面改善办法。
2. 简述3D打印的常见质量问题及其形成原因。
3. 3D打印的结构设计有哪些?

第9章

3D打印的产品设计应用案例

9.1 3D打印在产品设计中的应用价值

伴随着3D打印技术的发展，减少了设计师对传统工业的高度依赖。利用3D打印技术，设计师可以将自己的创意快速地变成现实产品（见图9-1），将这种技术应用于产品定制化设计中，根据消费者的需求和喜好，或是产品使用的情景实施针对性设计，消费者能更直接地享受定制化设计带来的快乐。3D打印技术在未来会应用到更多的领域，为人们的生活带来更多的方便，提高人们的生活效率和生活质量。

设计师们在设计过程中，可以利用3D打印技术在设计的同时进行打印，通过打印的成品看出设计中存在的不足，然后进行改进。这就会避免因某一个点的失误而影响了整个设计所带来的损失，节省了在产品设计过程中所消耗的时间和成本。

（1）极大地减少了产品设计和制造过程中的成本　与传统的设计流程相比，3D打印技术省去了一些中间环节，比如道具的制作和模型的建立，只要利用计算机发出指令就可以一直重复操作，最终形成所需要的产品，减少了传统操作中的大量人工成本，而且缩短了因中间环节的操作而耗费的时间。

（2）突破了设计师们在传统思维上的局限性　很多复杂的模型都可以通过3D打印技术制作出来，而且制作出来的成品相对比较精细。对于设计师而言，利用3D打印技术就可以尽可能地把自己对产品的设计展现出来，不用考虑该产品的操作是否烦琐以及产品制作的可行性。这就大大扩展了设计师们的思维，充分激发出设计师对产品的想象。传统的制造技术就需要考虑到产品的生产可能性，产品是否能够加工和生产，这就限制了设计师们的想象

图 9-1　3D 打印的设计原型

空间。

（3）能够缩短产品成形的时间　当今社会产品更新换代的速度越来越快，这就使得企业要加快对产品的更新，以更好地迎合消费者的需求。利用 3D 打印技术可以缩短产品的生产周期，在市场中就会更具备更大的优势，促进企业更好地发展。

（4）极大地缩短了产品研发的周期　3D 打印技术的应用降低了产品研发的成本，提高了工作的质量和效率，为产品设计工作带来了极大的便利。同时，3D 打印技术的应用也打破了行业以往的商业运作模式，不再受到传统工艺的限制。但是，3D 打印技术还不是特别成熟，仍然存在一定的不足，例如打印技术不能满足所有的打印需求，对于大型的设备就无法进行打印，而且打印的材料成本相对较高。这就需要加强对 3D 打印技术的创新和研究，完善 3D 打印技术，使它更好地应用在各领域。

 9.2　产品设计应用案例

日常生活中，家庭的装修、工作室的布置必然少不了一些家居装饰品。家居装饰品的选择是家居风格的表达，为生活增添不少乐趣。越来越多的设计者投入巧妙的心思，将美化家居的功能赋予平凡的家居装饰品。

9.2.1　产品设计

这里选用著名的人文景观以及地标建筑——埃菲尔铁塔（见图9-2）为制作原型，设计一款工艺品，再通过 3D 打印制作成形。

9.2.2　模型创建及处理

1）根据设计方案　应用 3D 数字化设计软件，对埃菲尔铁塔模型进行 3D 造型设计。设计好的埃菲尔铁塔模型如图 9-3 所示。

图 9-2　设计原型　　　　　　　　　　　图 9-3　埃菲尔铁塔模型

2）完成产品 3D 数字模型的创建后，将其 STL 文件导入到 3D Magic 软件中进行数据处理，并设置摆放方向，如图 9-4 所示。

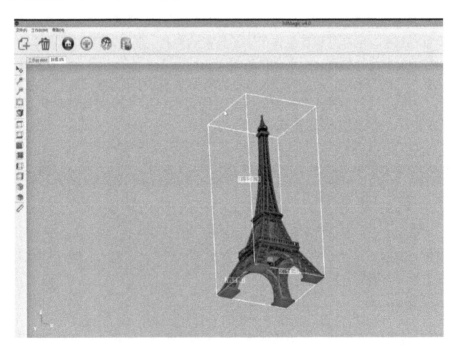

图 9-4　导入模型数据

3）增加支撑。通过自动生成支撑功能创建支撑，完成后，观察支撑是否合理，如果不合理，需要删除相关支撑，重新调整、增加零件的支撑结构，如图 9-5 所示。

图 9-5　支撑添加效果

4）检查确认无误后，将模型和支撑数据统一导出为 SLC 文件（见图 9-6），其中切片厚度设置为 0.1mm，光补偿度为 0.08。

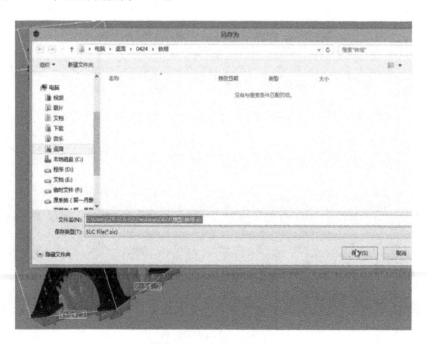

图 9-6　导出为 SLC 文件

9.2.3　3D 打印制作

1）本案例采用 SLA 工艺，用光敏树脂作为材料，以保证成形零件的表面粗糙度。打开 3D 打印机的控制软件 ZERO，导入数据处理铁塔模型的 SLC 文件，如图 9-7 所示。

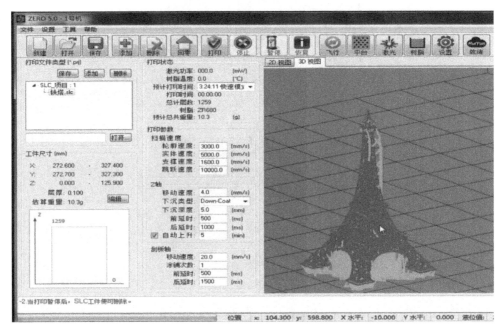

图 9-7　导入模型的 SLC 文件

2）检查导入数据，设置打印工艺参数，确认后开始打印。打印成形过程如图 9-8 所示，在加工平台上可以清晰地看到激光的扫描路线。

图 9-8　打印成形过程

3) 整个 3D 打印过程大约持续 8h，得到的埃菲尔铁塔模型成品如图 9-9 所示。

9.2.4　后处理

完成模型打印后，从成形平台上取下模型成品，如图 9-10 所示。对其进行必要的后处理。

图 9-9　埃菲尔铁塔模型成品　　　　　　图 9-10　取下模型

（1）去除支撑　去除模型底部和内部悬空部分的支撑，如图 9-11 所示。

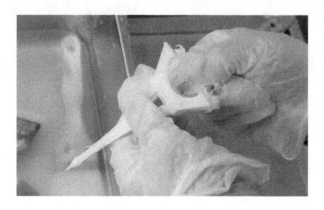

图 9-11　去除支撑

（2）清洗　产品表面附着有黏腻的光敏树脂，需要进行清洗，使用 95% 的工业酒精对模型进行清洗，反复清洗 3 遍，如图 9-12 所示。

（3）吹干　清洗后用高压气枪吹干模型，如图 9-13 所示。注意控制气压，避免模型受到不必要的伤害。

（4）固化　吹干后，将模型放入箱中进行二次固化（见图 9-14），固化后完成的埃菲尔铁塔模型如图 9-15 所示。

图 9-12　模型清洗

图 9-13　气枪吹干模型

图 9-14　二次固化

图 9-15　模型完成

9.3　本章小结

　　本章介绍了 3D 打印在产品设计中的应用价值，并以埃菲尔铁塔模型为例，从 3D 产品设计、模型创建及处理、3D 打印成形、后处理，完整讲解了产品设计流程。

复习思考题

1. 简述 3D 打印在产品设计中的应用价值。
2. 以章鱼为设计原型，设计一款笔筒，并完成 3D 打印。

参 考 文 献

[1] 吴立军，招銮，宋长辉，等. 3D 打印技术及应用 ［M］. 杭州：浙江大学出版社，2017.

[2] 胡迪. 利普森，梅尔芭·库曼. 3D 打印：从想象到现实 ［M］. 赛迪研究院专家组，译. 北京：中信出版社，2013.

[3] 赖周艺，朱铭强，郭峤. 3D 打印项目教程 ［M］. 重庆：重庆大学出版社，2015.

[4] 陈继民. 3D 打印技术基础教程 ［M］. 北京：国防工业出版社，2016.

[5] 阿米特·班德亚帕德耶，萨斯米塔·博斯. 3D 打印技术与应用 ［M］. 王文先，葛亚琼，崔泽琴，等译. 北京：机械工业出版社，2017.

[6] 王晓燕，朱琳. 3D 打印与工业制造 ［M］. 北京：机械工业出版社，2019.

[7] 查尔斯·贝尔. 3D 打印实用手册 组装·使用·排错·维护·常见问题解答 ［M］. 糜修尘，译. 北京：人民邮电出版社，2018.

[8] 卢秉恒，李涤尘. 增材制造（3D 打印）技术发展 ［J］. 机械制造与自动化，2013（4）：1-4.

[9] 中关村在线. 2014 年全球 3D 打印机制造商排行榜 TOP30 ［EB/OL］（2015-03-18）.［2020-03-18］. https://m. zol. com. cn/article/5118695. html.

[10] 任何东，杨景宇，李超林，等. 3D 打印技术及应用趋势 ［J］. 成都工业学院学报，2018，21（2）：30-36.

[11] 穆晓菲. 2018 年全球 3D 打印产业现状与发展趋势分析——金属 3D 打印向直接制造最终功能零件方向发展 ［EB/OL］.（2019-08-12）［2020-03-12］. https://www. qianzhan. com/analyst/detail/220/190809-9b42be17. html.

[12] 王雪莹. 3D 打印技术与产业的发展及前景分析 ［J］. 中国高新技术企业，2012（26）：3-5.

[13] 陈志茹，夏承东，李龙，等. 3D 打印材料 ［J］. 金属世界，2018（5）：15-18.

[14] 温斯涵，李丹. 3D 打印材料产业发展现状及建议 ［J］. 新材料产业，2019（2）：2-6.

[15] 陈楠. 3D 打印技术在模具制造中的应用 ［J］. 科技尚品，2016（2）：184.

[16] 许世兵，单乐天，金红婷，等. 3D 打印技术在骨科的应用进展 ［J］. 中华创伤杂志，2015（1）：10-15.

[17] 丙图创意公元. 3D 打印技术的发展，在产品设计中有多少应用 ［EB/OL］.（2019-01-28）［2020-03-28］ https://baijiahao. baidu. com/s？ id＝16238983893380317082&wfr＝spider&for＝pc.

[18] 张楠，李飞. 3D 打印技术的发展与应用对未来产品设计的影响 ［J］. 机械设计，2013（7）：97-99.

[19] 陈鹏. 3D 打印技术实用教程 ［M］. 北京：电子工业出版社，2016.

[20] 穆王君. 试论基于 3D 打印技术的创意文化产品设计 ［J］. 山东工业技术，2017（23）：116.

[21] 张纹纹，赵华. 基于 3D 打印技术的创意首饰盒设计 ［J］. 科技与创新，2017（22）：5-7.